W0260542

Schriftenreihe der
Technischen Universität Wien

Gesamtschriftleitung:
o. Univ.-Prof. Dr. E. Bancher

Band 13

Herausgegeben von der Universitätsdirektion
Technische Universität Wien

Mikroprozessoren in der Energiewirtschaft

Herausgegeben von
o. Univ.-Prof. Dipl.-Ing. Dr. L. Bauer

In Kommission bei Springer-Verlag Wien/New York

Softcover reprint of the hardcover 1st edition 1980

Gestaltung: H. Susan-Gfatter, Dipl.-Ing. K. Semsroth.
Karlsplatz 13, A-1040 Wien

ISBN-13: 978-3-211-81577-9   e-ISBN-13: 978-3-7091-5631-5

DOI: 10.1007/978-3-7091-5631-5

INHALTSVERZEICHNIS

<u>VORWORT</u>

Im Rahmen des Außeninstitutes der Technischen Universität Wien führten
am 15. und 16. Mai 1979

> das Institut für Datenverarbeitung,
> das Institut für Elektrische Anlagen und
> Hochspannungstechnik und
> das Institut für Energiewirtschaft

gemeinsam mit dem Internationalen Institut für angewandte Systemanalyse
(IIASA) in Laxenburg, dem Österreichischen Nationalkomitee der Weltener-
giekonferenz (WEK), dem Österreichischen Verband für Elektrotechnik
(ÖVE) und dem Verband der Elektrizitätswerke Österreichs (VEÖ) ein Seminar mit dem Arbeitstitel

"MIKROPROZESSOREN IN ENERGIETECHNIK UND -WIRTSCHAFT"

durch. Mehr als hundert österreichische und ausländische Vertreter von
Behörden, aus der Industrie, von Energieversorgungsunternehmen, aus der
Wirtschaft, und zahlreiche Studenten nahmen daran teil; sie bestätigten
nicht nur dadurch, sondern auch durch die besonders rege Beteiligung an
den von L. Bauer und R. Eier geleiteten an die Vorträge anschließen-
den Diskussionen das große Interesse an solchen Veranstaltungen.

Die technische Entwicklung unserer Tage wird in bedeutendem Maße von
den Fortschritten, die in der Technologie der integrierten Schaltkreise erzielt worden sind und noch immer mit unverminderter Vehemenz vor-
angetrieben werden, geprägt; sie führt unverkennbar in die Richtung
eines verstärkten Einsatzes von Digitaltechniken und digitalen Verar-
beitungsprinzipien. Die Mikroprozessoren sind dabei nur die prominen-
testen Vertreter der modernen Bausteinfamilien, die heute dem Techniker bisher ungeahnte Einsatzmöglichkeiten erschließen. Mikroprozessoren
und mit ihnen die Philosophie der Programmsteuerung finden damit praktisch in fast allen technischen Berufssparten Eingang und liefern die
Grundlagen für fortschrittliche und zukunftsorientierte Systemkonzepte.
Es gehört zweifellos zu den Pflichten nicht nur der verantwortungsbe-
wußten und vorausblickenden Techniker und Wirtschafter, sondern eigent-
lich aller, die an technischen Belangen Interesse haben und daran in-
tensiv Anteil nehmen, sich mit den Gegebenheiten und Möglichkeiten der

Mikroprozessortechniken zumindest in einem bescheidenen Rahmen auseinanderzusetzen.

Im gegenständlichen Seminar wurde für jenen Personenkreis, der in diesem speziellen Anwendungsgebiet tätig ist, eine Einführung in die
Grundstrukturen der Mikrocomputer gegeben und einige typische Problemlösungen mit Mikroprozessoren vorgestellt.

Den Herren Vortragenden aus Wissenschaft und Industrie, vor allem jenen aus der Bundesrepublik Deutschland, die sich alle in selbstloser
Weise zur Verfügung stellten und damit die Durchführung des Seminars
erst ermöglichten, sowie der Firma Siemens AG Österreich, welche die
Drucklegung dieser Broschüre über den Verlauf des Seminars finanziell
unterstützte, sei besonders gedankt. Ebenso wird dem Bundesministerium
für Wissenschaft und Forschung für die wohlwollende Förderung Dank gesagt.

Die Texte der Referate sind etwas gestrafft, doch vollinhaltlich wie-
dergegeben. Die Veranstaltung wurde von Univ.-Ass. Dipl.-Ing. H. Stigler organisiert. Das Korrekturlesen haben dankenswerterweise die Herren
cand. ing. H. Steinwandter und Dipl.-Ing. H. Stigler übernommen. Für
die Durchführung der administrativen Aufgaben waren Frau G. Wirrer
(Außeninstitut der TU-Wien) und Frl. V. Braun (Institut für Energiewirtschaft) verantwortlich; die Schreibarbeiten oblagen Frl. B. Silveri.
Allen genannten Damen und Herren wird hiemit bestens gedankt.

Auch im laufenden Studienjahr ist ein Seminar mit einem aktuellen
Themenkreis aus der Energiewirtschaft geplant: wieder soll den in der
Praxis stehenden Ingenieuren und Wirtschaftern sowie den Studenten
Neues und Wissenswertes vermittelt werden.

Wien, Februar 1980

L. Bauer
Univ.-Prof. Dipl.-Ing.
Dr. techn.
Vorstand des Institutes
für Energiewirtschaft

R. Eier
Univ.-Prof. Dipl.-Ing.
Dr. techn.
Vorstand des Institutes
für Datenverarbeitung

H. Stimmer
Univ.-Prof. Dipl.-Ing.
Dr. techn.
Vorstand des Institutes
für Elektrische Anlagen
und Hochspannungstech-
nik

GRUNDSTRUKTUR EINES MIKROCOMPUTERS

Dipl.-Ing. Hannes Bardach
Vertragsassistent am Institut
für Datenverarbeitung
TU Wien

1 Einleitung

In den letzten Jahren wurden in der Entwicklung der Halbleitertechno-
logie in Richtung hoher Integrationsdichte so große Fortschritte erzielt, daß Schaltkreise mit einigen zigtausend Gatterfunktionen auf
einem Halbleiter-Chip von wenigen Quadratmillimetern Größe hergestellt
werden können. Durch diese Technologie der "Large-scale integration"
(LSI) wurde es möglich, die zentralen Funktionseinheiten eines Computers, das sind die zentrale Recheneinheit und die Steuerung (CPU),
in einem einzigen Chip zu integrieren. Diese Bauteile heißen Mikroprozessoren und bilden die Zentraleinheit von Mikrocomputern.

Neben den Mikroprozessoren wurden auch hochintegrierte Speicherbausteine und Ein-/Ausgabe-Bausteine entwickelt, so daß ein kompletter Mikrocomputer aus wenigen Moduln aufgebaut werden kann.

Damit können sehr kleine und preiswerte Computer hergestellt werden.
Vor allem durch den günstigen Preis erschließen sich dem Mikrocomputer
eine große Zahl neuer Anwendungsgebiete. Die Einsatzmöglichkeiten für
Mikroprozessoren vollständig aufzuzählen, ist nicht möglich. Man kann
jedoch drei verschiedene Einsatzbereiche beschreiben:

- Mikroprozessoren als Ersatz komplexer logischer Schaltungen:

  Ein Mikroprozessorsystem besteht in Minimalkonfiguration aus etwa 3
  bis 10 Bauelementen. Daher kann man sich bei Digitalschaltungen ab
  einer Komplexität, die etwa 50 Logik-Schaltkreise erfordert, die
  Frage stellen, ob es sich lohnt, ein Mikroprozessorsystem einzusetzen.
  Bei Verwendung von Single-Chip-Mikrocomputern, bei denen alle Funktionseinheiten (CPU, Speicher, Ein-/Ausgabeanschlüsse) auf einem einzigen Chip untergebracht sind, kann die Schaltung unter Umständen sogar mit nur einem Bauteil realisiert werden.

Bei diesen Anwendungen hat der Mikroprozessor ein festes Programm, das in Festwertspeichern enthalten ist.

Neben der geringeren Bauteilanzahl bringt die Mikroprozessorlösung auch noch den Vorteil einer höheren Flexibilität:

Funktionsänderungen können in einem gewissen Rahmen durch Programmänderungen realisiert werden, wobei die Schaltung selbst gleichbleibt.

- Mikroprozessoren in anwendungsspezifischen (dedicated) Systemen wie intelligente Terminals, Interfaces, spezielle Prozeßsteuerungen:

  Bei diesen Geräten hat der Mikroprozessor ebenfalls ein festes Programm (Firmware).

- Mikroprozessoren als Zentraleinheit von frei programmierbaren Universalrechnern oder Prozeßrechnern.

2   Der Mikrocomputer, ein universeller Automat

Ein Mikrocomputer ist, wie jeder Computer, ein Automat zur Verarbeitung von Daten. Diese Verarbeitung erfolgt in Form von einzelnen Arbeitsschritten, die nacheinander ausgeführt werden.

Bei herkömmlichen Automaten sind die Arbeitsschritte fest vorgegeben, damit können diese Automaten nur eine ganz bestimmte Funktion ausführen. Sie können nur für den einen bestimmten Zweck eingesetzt werden, für den sie konstruiert wurden. Typische Beispiele hiefür sind Steuerungsautomaten in Relaistechnik und Digitalschaltungen.

Bei Computern hingegen werden die Arbeitsschritte erst durch das Programm festgelegt. Dieses Programm ist nichts anderes als eine Liste von Befehlen, die hintereinander ausgeführt werden. Mit den Befehlen können z. B. Zahlen addiert, Meßwerte eingelesen und verglichen oder Ausgabeeinheiten angesteuert werden.

Durch die Programmsteuerung ist der Computer ein Automat, der universell eingesetzt und für bestimmte Aufgaben "abgerichtet" werden kann. Wenn der Mikrocomputer ein einziges fixes Programm besitzt, das in Festwertspeichern enthalten ist, so unterscheidet er sich nach außen

hin nicht mehr prinzipiell von herkömmlichen "fest verdrahteten" Automaten. Mikrocomputer als Ersatz komplexer logischer Schaltungen oder in
anwendungsspezifischen Systemem weisen dieses Merkmal auf. Bei diesen
Geräten ist durch den Einsatz eines Mikrocomputers lediglich die Realisierung einfacher, bzw. können komplexere Funktionen implementiert werden (z. B. intelligentes Terminal).

Das Gerät als ganzes besitzt aber nicht die Merkmale eines Computers
wie freie Programmierbarkeit, universelle Einsatzmöglichkeit usw.

Aber gerade diese Einsatzgebiete sind typisch für Mikrocomputer, da es
auf Grund der Abmessungen und des günstigen Preises möglich ist, diese
Mikrocomputer für eine bestimmte Aufgabe einzusetzen und auf die Universalität des Rechners zu verzichten.

3 Die Elemente eines Mikrocomputers

Ein Computer besteht im wesentlichen aus 3 Funktionsgruppen:

- Prozessor (CPU - central processing unit),
- Speicher (RAM, ROM, PROM, EPROM),
- Peripherie (Ein-/Ausgabe).

Der Prozessor ist die zentrale Einheit des Computers. Ihm obliegt die
Ausführung der Befehle und die Steuerung des Programmablaufes.

Das Programm selbst steht im Speicher des Computers. Bei den meisten
Mikrocomputern wird der gleiche Speicher auch für die Daten, die zwischengespeichert werden müssen, verwendet.

Die Kommunikation mit der Umwelt (Ein-/Ausgabe von Daten, Meßwerten,
Steuersignalen) erfolgt über die Peripherie des Computers.

3.1 Der Mikroprozessor

Als Mikroprozessor bezeichnet man jenen LSI-Schaltkreis oder jene Menge von LSI-Schaltkreisen, die die zentrale Einheit eines Mikrocomputers
bilden. Die Anzahl der Schaltkreise richtet sich heute vornehmlich nach
der verwendeten Architektur. Die meisten heute eingesetzten Mikroprozessoren bestehen aus einem einzigen IC (integrated circuit), auf dem
alle Funktionsgruppen integriert sind, die für eine CPU notwendig sind.

Diese Funktionsgruppen lassen sich in drei wesentliche Einheiten gliedern:

- Rechenwerk,
- Steuerwerk,
- Register.

3.11 Das Rechenwerk

Das Rechenwerk, häufig auch als arithmetische logische Einheit oder kurz ALU bezeichnet, führt die arithmetischen und logischen Befehle durch. Im allgemeinen ist in der ALU folgender Befehlssatz implementiert:

- Addition (mit und ohne Übertrag),
- Subtraktion,
- Komplementbildung,
- logische UND-Verknüpfung (Maskieren),
- logische ODER-Verknüpfung,
- exklusive ODER-Verknüpfung,
- Verschieben nach links oder rechts.

Die ALU besitzt 2 Eingänge für die beiden Operanden, die miteinander verknüpft werden sollen und einen Ausgang für das Ergebnis. Die Auswahl der jeweiligen Operation erfolgt durch eigene Steuereingänge.

Durch geeignetes Zusammensetzen von Befehlsfolgen lassen sich mit diesen Operationen alle arithmetischen und logischen Befehle (z. B. Multiplikation, Division, BCD-Arithmetik, ...) realisieren. Manche Mikroprozessoren besitzen auch eine Reihe von weiteren Befehlen (BCD-Arithmetik, Hardware-Multiplikation).

3.12 Register

Für die Durchführung der Befehle benötigt der Prozessor eine Reihe von internen Speichern, die als Register bezeichnet werden. Mit den Registern kann der Prozessor Informationen auch ohne Hilfe des externen Speichers festhalten.

Das zentrale Register im Mikroprozessor ist der Akkumulator. Wenn der Prozessor eine arithmetische oder logische Verknüpfung durchführen soll, wird für diese Verknüpfung meist ein Operand aus dem

Akkumulator genommen. Der zweite Operand kann sich dann in einem anderen Register oder im Speicher befinden. Das Ergebnis der Verknüpfung wird wiederum im Akkumulator abgespeichert.

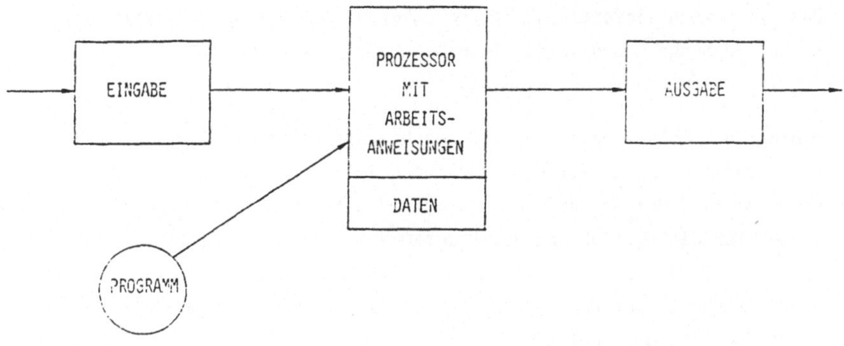

Bild 1: Modell eines Computersystems

Neben der Durchführung der Grundoperationen liefert das Rechenwerk auch Statusinformationen. Dazu gehört beispielsweise, ob das Ergebnis einer Operation positiv oder negativ war, ob ein Übertrag aufgetreten ist usw. Diese Statusinformationen werden in einem eigenen Register, dem Programmierstatuswort oder Flag-Register abgespeichert und können als Grundlage für Verzweigungsbefehle herangezogen werden.

3.13 Das Steuerwerk

Für die Befehlsausführung sind umfangreiche Steuerungsaufgaben notwendig:

Für die Ausführung eines Befehls muß zunächst der Befehlscode aus dem Speicher geholt werden. Dazu wird die im Befehlszähler (Instruktions-Adreß - Register) abgespeicherte Adresse ausgesendet und der aus dem

Speicher empfangene Befehlscode im Befehlsregister (Instruktions-Register) abgespeichert. Anschließend wird der Befehl analysiert. Ein Befehl kann auch mehrere Speicherworte umfassen. In diesem Fall enthält das erste Wort eine Angabe über die Länge des gesamten Befehls und es werden mehrere Lesevorgänge durchgeführt. Etwaige Operanden werden im Anschluß daran aus dem Speicher geholt.

Das Steuerwerk liefert nach der Decodierung des Befehls Informationen an das Rechenwerk und an die internen Multiplexer, um die entsprechenden Verknüpfungen (z. B. eine Addition) durchzuführen.

Während die Daten übertragen und gegebenenfalls im Rechenwerk verarbeitet werden, erledigt der Prozessor noch andere Aufgaben, die nicht unmittelbar mit der Ausführung des laufenden Befehls zusammenhängen, die jedoch für die Fortführung des Programmablaufes wichtig sind. So wird z. B. der Inhalt des Adressenaddierers (Befehlszähler) um einen weiteren Schritt erhöht. Der Prozessor bereitet sich also - noch während der letzte Schritt des laufenden Befehls von ihm durchgeführt wird - darauf vor, den nächsten Befehl aus dem Programmspeicher zu holen.

Da nun diese Vorgänge beim Ablauf eines Befehls relativ kompliziert sind, werden sie häufig ebenfalls durch ein (internes) Programm durchgeführt. Ein solches Programm wird als Mikroprogramm bezeichnet. Der Begriff Mikroprogramm ist vom eigentlichen Mikroprozessorprogramm zu unterscheiden und hat mit dem Begriff Mikroprozessor nichts zu tun. Mikroprogramme gibt es schon relativ lange bei Mini- und Großrechenanlagen.

3.14 Mikroprozessorbefehle

Im folgenden sollen die Befehle, welche der Mikroprozessor ausführen kann, kurz erläutert werden:

Ein Befehl besteht aus einem Operationsteil, in dem angegeben ist, welche Operation (z. B. Addieren, Einlesen) durchgeführt werden soll und aus einem Adreßteil, der Angaben über die Operanden oder über den weiteren Programmablauf enthält.

Als erste Gruppe von Befehlen sind die Datentransferbefehle anzuführen: Mit diesen Befehlen kann eine Information aus dem Speicher geholt oder

von einem Eingabe-Port gelesen werden bzw. in den Speicher oder zu einem
Ausgabe-Port transferiert werden. Ein typisches Beispiel für einen solchen Mikroprozessor-Befehl wäre:

MOV A,M .... MOVE MEMORY TO ACCUMULATOR.

Eine weitere Gruppe von Befehlen sind die arithmetischen und logischen
Befehle (Addition, Subtraktion, UND, ODER, EXKLUSIV ODER, NEGATION usw.).

Mit den Schiebebefehlen kann der Inhalt eines Registers nach links oder
rechts verschoben werden.

Zur Steuerung des Programmablaufes dienen die Sprungbefehle. Mit diesen
Befehlen kann der sequentielle Programmablauf unterbrochen und das Programm an einer anderen Stelle fortgesetzt werden. Die Sprungbefehle
werden meistens nur in Verbindung mit einer Bedingung durchgeführt, um
Fallunterscheidungen oder Programmschleifen zu ermöglichen, z. B.

JZ .... JUMP ON ZERO.

Weitere Befehle beziehen sich auf die Durchführung von Unterprogrammen
oder Sonderfunktionen, die die Programmierung von bestimmten Vorgängen
erleichtern.

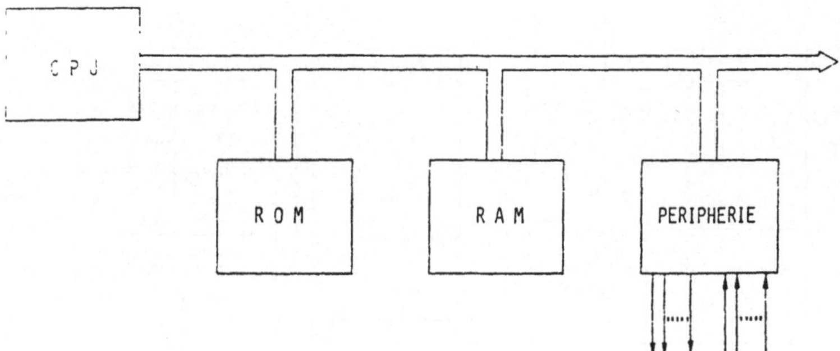

Bild 2: Grundstruktur eines Mikrocomputers

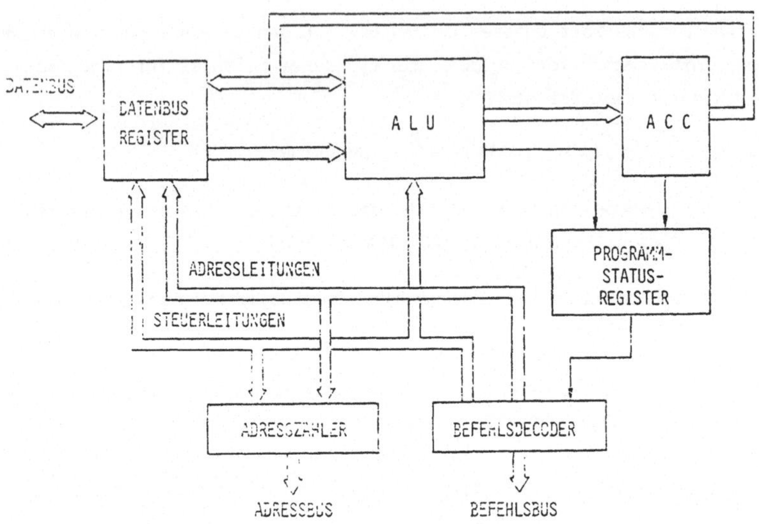

Bild 3: Funktionsgruppen im Mikroprozessor

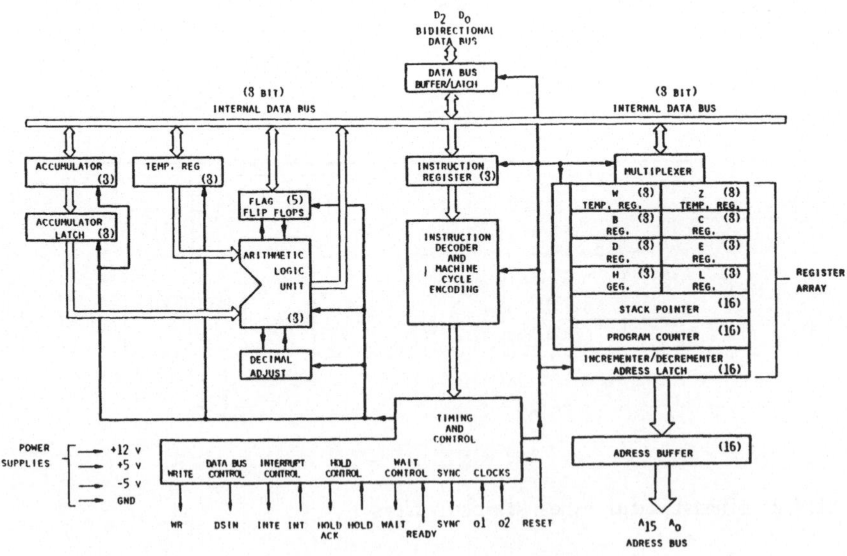

Bild 4: Blockschaltbild des Mikroprozessors 8080

3.2 Der Speicher

Im Speicher des Mikrocomputers befinden sich sowohl die Programme als
auch die Daten. Es gibt eine Reihe von unterschiedlichen Organisations-
und Ausführungsformen für diese Speicher.

Ein prinzipieller Unterschied besteht zwischen den Festwertspeichern
und den Schreib-/Lesespeichern.

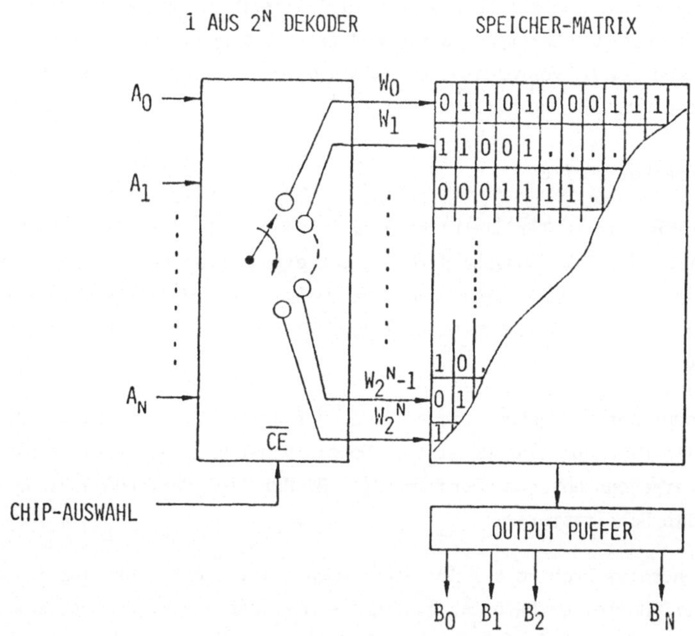

Bild 5: Vereinfachte Darstellung eines Festwertspeichers

Ein Festwertspeicher (ROM = read-only memory), schematisch in Bild 5
dargestellt, kann nur einmal programmiert werden. Diese Programmierung
erfolgt entweder bei der Herstellung des Speichers durch eine Metalli-
sierungsmaske oder durch ein eigenes Programmiergerät. Im letzteren
Fall bezeichnet man diese Speicher als PROMs (programmable read-only
memory). Es gibt auch PROMs, die unter der Einwirkung von UV-Licht
wieder gelöscht werden können (EPROM).

Die Festwertspeicher finden für Programme und unveränderliche Daten
(z. B. Tabellen) Anwendung. Sie haben den großen Vorteil, daß die Information beim Abschalten des Gerätes nicht verlorengehen kann. Wenn
der gesamte Programmspeicher eines Mikrocomputers als Festwertspeicher
ausgeführt ist, dann handelt es sich um einen anwendungsspezifischen
Mikrocomputer, der für nur einen bestimmten Einsatzzweck programmiert
ist.

Für Daten bzw. ladbare Programme werden Schreib-/Lesespeicher verwendet. Dieser Speichertyp wird als RAM (random access memory) bezeichnet.
Hier kann der Mikroprozessor nach Anlegen einer Adresse Informationen
einspeichern oder herauslesen.

3.3 Die Peripherie

Die Peripherie stellt die Verbindung zur Außenwelt dar. Im einfachsten
Fall kann die Ein-/Ausgabe direkt durch eigene Prozessorleitungen durchgeführt werden. Dann stehen aber nur wenige Bits für die Ein-/Ausgabe
zur Verfügung, welhalb meistens eigene Bausteine für die E/A eingesetzt
werden.

Für komplexere Aufgaben wie z. B. Steuerung einer Floppy-Disk oder
serielle Datenübertragung gibt es Spezialbausteine, die viele Funktionen weitgehend autonom übernehmen (z. B. Parallel-Serienumwandlung für
serielle Schnittstellen).

Ein zentrales Problem bei der Ein-/Ausgabe ist die Synchronisation mit
der Peripherie. Deshalb ist häufig die Möglichkeit vorgesehen, daß die
Peripherie den laufenden Programmfluß unterbrechen kann, um bestimmte
Ein-/Ausgabeprogramme zu starten. Diese Programmunterbrechung nennt man
Interrupt. Am Ende des Interruptprogrammes (interrupt service routine)
kehrt der Prozessor wiederum zum ursprünglichen Programm zurück.

Die Verwendung von Interrupts ist dann besonders günstig, wenn eine
schnelle Reaktion des Prozessors auf Dateneingaben notwendig ist (Echt-
zeitbetrieb) oder wenn häufig und unregelmäßig Informationen ein- bzw.
ausgegeben werden und der Prozessor währenddessen "beschäftigt" ist
(background). Bei mehreren möglichen Interruptsverursachern ist eine
Identifikation der auslösenden Einheit notwendig. Dies kann durch pro-

grammgesteuertes sequentielles Abfragen (Polling) oder durch Übertragen
eines Interrupt-Vektors erfolgen. Unterschiedliche Interrupt-Prioritä-
ten können vom Programm oder durch externe Schaltkreise (Prioritätsde-
coder) realisiert werden.

4 Syststemarchitektur

Der Datenaustausch im Mikrocomputer zwischen Prozessor und Speicher
sowie zwischen Prozessor und Peripherie erfolgt über Sammelleitungen,
an die alle Einheiten angeschlossen sind. Diese Sammelleitungen werden
als Busleitungen (Bus) bezeichnet.

Bei den heute gebräuchlichen Mikroprozessoren gibt es 8 Busleitungen
für die Übertragung der Daten und Befehle (Datenbus) und 16 Busleitungen für die Adressen (Adreßbus). Die Anzahl der Adreßleitungen bestimmt
die Größe des Speichers. Mit 15 Adreßleitungen können 2^{16} = 65 536 Wör-
ter adressiert werden. Für den Datenaustausch mit der Peripherie wird
im allgemeinen ein Teil (meist 8 bit) des Adreßbusses verwendet, um
eines von mehreren peripheren Geräten anzusprechen.

Neben den Daten- und Adreßleitungen sind noch eine Reihe von Steuersignalen notwendig, um die Datentransfers zu koordinieren. Der Prozessor
muß auf eigenen Leitungen bekanntgeben, ob er einen Datenaustausch mit
dem Speicher oder mit der Peripherie wünscht bzw. ob er Daten senden
oder empfangen will. Ferner muß der zeitliche Ablauf der Bustransfers
geregelt werden.

Durch die Verwendung von Busleitungen für das Zusammenschalten der verschiedenen Elemente im Mikrocomputer können Standardbausteine verschiedener Hersteller in variabler Anzahl eingesetzt werden. Bei geeigneter
Auslegung können damit Mikrocomputersysteme aus vorgefertigten Moduln
nahezu beliebig zusammengesetzt bzw. erweitert werden. Diese Modularität bringt den großen Vorteil, daß für eine Reihe von Anwendungen vorgefertigte Bausteine nur zusammengesetzt werden müssen, wodurch die Schal-
tungskonstruktion weitgehend entfällt und der Entwicklungsaufwand fast
ausschließlich in der Software liegt.

LITERATURVERZEICHNIS

(1) HOFFMANN, R. Rechenwerke und Mikroprogrammierung. Reihe Datenver-
    arbeitung. R. Oldenbourg-Verlag GesmbH, München, 1977.

(2) GSCHWIND, H.W., MC CLUSKEY, E.J. Design of Digital Computers. Sprin-
    ger-Verlag, New York, 1975.

(3) INTEL CORPORATION. Intel Component Data Catalog 1979.

(4) JUDMANN, K.P. und weitere 11 Autoren. Mikroprozessoren, Grundlagen
    und Anwendungen. Erb-Verlag, 1978.

MODELLFALL FÜR EINEN MIKROCOMPUTEREINSATZ

Dipl.-Ing. Werner Beyerle
Universitätsassistent am
Institut für Digitale Anlagen,
TU-Wien

1 Einleitung

Ausgehend von einem konkreten Beispiel sollen die einzelnen Schritte beim Einsatz eines Mikrocomputers genauer besprochen werden. Bild 1 zeigt schematisch die Aufgabenstellung: Holzpakete werden an einer Meßeinrichtung (zwei Lichtschranken) vorbei transportiert. Die Geschwindigkeit der Holzpakete soll gemessen und angezeigt werden.

Welche Teilschritte müssen nun durchlaufen werden, um von dieser allgemeinen Problemstellung ausgehend bis zu einem fertigen Endprodukt zu gelangen? In Bild 2 finden sich die einzelnen Abschnitte graphisch dargestellt. Zweckmäßigerweise geht man in Form eines "Top-down"-Entwurfes vor und kommt somit zu folgender Gruppierung:

Ebene 1 Problemanalyse,
Ebene 2 Hardware-Konzept,
         Software-Konzept,
         Selbsttest und Serivceunterstützung,
         Dokumentation,
Ebene 3 Hardwareentwicklung und Test,
         Softwareentwicklung und Test,
         Dokumentation,
Ebene 4 Integrationstest,
Ebene 5 Übergabe.

Im folgenden sollen nun die Funktionen der einzelnen Abschnitte erklärt werden.

2 Die Entwicklungsschritte beim Einsatz eines Mikrocomputers

2.1 Problemanalyse

In dieser Phase ist einmal grundsätzlich die bisher nur verbal formu-
lierte Aufgabenstellung - hier eben das Messen der Geschwindigkeit der
Holzpakete - auf ihre Durchführbarkeit hin zu untersuchen. Etwaige Un-
klarheiten oder fehlende Angaben sind mit dem Auftraggeber zu klären.
Wenn es auf diese Wiese zu einer exakten Problemformulierung - dem
Sollkonzept - gekommen ist, muß als nächstes die Frage gestellt werden,
ob hier ein Mikrocomputereinsatz sinnvoll ist. Einer der wesentlichsten
Vorteile eines Mikrocomputereinsatzes ist die hohe Flexibilität. Unter
der Annahme, daß die Aufgabenstellung nur geringfügig geändert und nicht
die Geschwindigkeit der Holzpakete sondern deren Länge gemessen werden
soll, so ist dies im Falle eines Mikrocomputereinsatzes ohne jegliche
Änderung in der Meßanordnung und in der Hardware möglich. Es muß nur das
Programm entsprechend abgeändert werden. Genauso leicht könnte diese
Meßanordnung dazu verwendet werden, den Durchmesser unbearbeiteter Baum-
stämme zu messen und mit diesen Werten eine Säge so zu steuern, daß möglichst wenig Verschnitt entsteht. Für diese Aufgabenstellung sind ebenfalls nur geringfügige Änderungen in der Meßanordnung notwendig, die
restlichen Änderungen werden in der Software durchgeführt.

Neben der hohen Flexibilität ist aber sicherlich auch die einfache Wartung ein großer Vorteil. Durch die Fähigkeiten des Mikroprozessors ist
es leicht möglich, entsprechende Serviceunterstützung durch das Gerät
selbst anzubieten. Auf diesen Punkt soll jedoch etwas später noch
genauer eingegangen werden.

Als Nachteil für den Einsatz von Mikroprozessoren ist der hohe Grundaufwand zu erwähnen, der notwendig ist, bis man überhaupt an den wirtschaftlichen Einsatz eines Mikroprozessors denken kann.

In Bild 1 sind die zwei Lösungsmöglichkeiten - Einsatz einer konventionellen Hardware und Einsatz eines Mikrocomputers - noch einmal einander
gegenübergestellt. Hier soll für den weiteren Ablauf unterstellt werden,
daß die Entscheidung für den Einsatz eines Mikroprozessors gefallen ist.
In diesem Fall ist nun die Frage zu klären, was alles mit dem Mikroprozessor gemacht werden soll. Es wäre ja sicherlich denkbar, Teile nach

wie vor in konventioneller Logik auszuführen. In der letzten Zeit geht
allerdings der Trend immer mehr dahin, möglichst viele Funktionen, die
früher traditionell von der Hardware übernommen wurden, in die Software
zu verlegen.

Ein wichtiger Punkt ist die notwendige Verarbeitungsgeschwindigkeit. Die
Befehlsausführungszeit eines konventionellen Mikroprozessors liegt je
nach Typ und Befehl zwischen 2 und 10 µs. Für das Abfragen der beiden
Lichtschranken im Beispiel sind sicherlich einige Befehle notwendig.
Aus der Summe der notwendigen Befehlsausführungszeiten ergibt sich dann
die maximale Geschwindigkeit der Holzpakete, die mit einem konventionellen Mikroprozessorsystem noch sicher meßbar ist.

Neben diesen technischen Überlegungen muß auch noch die Frage geklärt
werden, in welchen Stückzahlen dieses Gerät, bzw. die mit einem Mikroprozessor ausgerüstete Anlage einmal gebaut werden soll. Denn auch die
Stückzahl spielt ja für den späteren Hardwareentwurf eine nicht unwe-
sentliche Rolle.

2.2 Hardwarekonzept

Ausgehend von den in der Problemanalyse erarbeiteten Grundlagen muß in
dieser Phase die Hardware detailliert geplant werden. Schwerpunkt ist
sicherlich die Auswahl des geeigneten Mikroprozessortyps. Das Problem
der Rechengeschwindigkeit wurde schon erörtert. Die nächste Frage ist
die nach der Wortbreite. Die derzeit gebräuchlichste Wortbreite von 8
bit reicht sowohl für Rechen- als auch für Steuerungsaufgaben in der
Praxis vollkommen aus. Sollten komplexe Berechnungen schnell durchgeführt werden müssen, so wäre der Einsatz eines 16-bit-Mikroprozessors
zu überlegen, für einfachste Steuerungsaufgaben reicht dagegen sicherlich ein 4-bit-Mikroprozessor aus. Ebenfalls von der Aufgabenstellung
hängt ab, welche Befehle des Mikroprozessors unbedingt vorhanden sein
müssen, um dieses Problem unter den vorgegebenen Zeitbedingungen lösen
zu können.

Sollen für die Speicherung des Programmes am Anfang der Entwicklung
EPROMs Verwendung finden, die später durch PROMs oder ROMs zu er-
setzen sind, so ist schon jetzt darauf zu achten, daß eine pin-kompati-
ble Produktserie zum Einsatz gelangt. Ebenso wichtig ist es abzuschätzen,

ob mit RAM und ROM eines Single-Chip-Mikrocomputers das Auslangen zu finden und ob auch später eine Vergrößerung des Speicherplatzbedarfes auszuschließen ist. Andernfalls wird ein Multi-Chip-System aufgebaut werden müssen. Außerdem muß in dieser Phase die nötige Anzahl der E/A-Leitungen bestimmt werden, im Beispiel nur zwei. Doch wird auch hier in Abhängigkeit von den zu erwartenden Erweiterungen schon etwas mehr als die gerade notwendige Zahl von E/A-Leitungen vorzusehen sein. Überhaupt sollte beim ersten Hardwareentwurf möglichst flexibel geplant werden, um nicht die an und für sich hohe Flexibilität von Mikroprozessorsystemen durch eine zu beschränkte Hardwarelösung schon vor dem Einsatz zu verwirken.

Als letztes bleibt noch die Frage zu klären, wie das Mikroprozessorsystem mechanisch aufgebaut werden soll. Ist die Verwendung von Europakarten vorzusehen oder erfolgt ein spezieller Entwurf der Platine für ein bestimmtes, oft schon von Anfang an vorgegebenes, Gehäuse?

2.3 Softwarekonzept

Wie beim Hardwarekonzept wird auch hier vom Sollkonzept ausgegangen, das für den Bereich der Software vielleicht in Form eines Pflichtenheftes vorliegt. Von dieser verbalen Formulierung sollte es entsprechend des "Top-down"-Entwurfes nun bis zu einer Programmiervorgabe kommen. Hierfür haben sich als Hilfsmittel Struktogramme in der Praxis sehr bewährt. Bild 3 zeigt die Problemformulierung in dieser Darstellung. Man erkennt daraus folgende Programmfunktionen und ihren logischen Ablauf:

- Initialisierung;
- solange die Anlage in Betrieb ist, wird die eigentliche Messung durchgeführt;
- die Messung selbst besteht aus:

  · Initialisieren des Zählers, falls sich zu Beginn der Messung bereits ein Meßobjekt auf der Meßstrecke befindet;
  · sonst Durchführung der Messung ab jenem Zeitpunkt, zu welchem ein Objekt durch die linke Lichtschranke geht;
  · am Ende wird der Meßwert konvertiert und angezeigt.

Dieses Struktogramm könnte einem geübten Programmierer bereits direkt zum Übertragen in ein Programm übergeben werden. Bild 4 zeigt dasselbe Problem noch als Flußdiagramm formuliert.

2.4 Selbsttest und Serviceunterstützung

Eine sehr angenehme Eigenschaft von Mikroprozessorsystemen ist, daß sie
in der Lage sind, sich selbst zu testen. Vor Inbetriebnahme der Anlage
kann ein Testprogramm gestartet werden, das sämtliche Funktionen testet
und an den Benutzer eine entsprechende Meldung ausgibt, falls bei einem
der Tests ein Fehler aufgetreten ist. Bei geeignetem Entwurf der Test-
programme lassen sich sogar Hinweise auf die fehlerhafte Baugruppe ge-
ben. Ein in der Praxis recht beliebtes Testhilfsmittel ist die Signatur-
analyse. Ähnlich wie bei analogen Schaltungen werden auch in digitalen
Schaltungen Testpunkte definiert, nur daß hier keine Spannungsniveaus
oder Signalverläufe zu beobachten sind, sondern bestimmte Testmuster -
eben die Signatur des Punktes. Die Testpunkte und -muster werden so ge-
wählt, daß eine unmittelbare Eingrenzung der fehlerhaften Baugruppe möglich ist. Allerdings muß die spätere Verwendung solcher Testhilfen schon
bei der Planung berücksichtigt werden, da hiedurch die Detailplanung der
Hardware und Software beeinflußt wird.

2.5 Dokumentation

In der Praxis wird auf dieser Ebene die Dokumentation nur wenig beachtet.
Doch schon jetzt ist es wichtig, die Fortschritte der Planung und vor
allem alle ausgeschlossenen Lösungswege und die Gründe für die Ablehnung
genau festzuhalten.

Während einer längeren Planungsphase kann es sonst vorkommen, daß schon
einmal verworfene Lösungen wieder hervorgebracht werden und der gesamte
Entscheidungsprozeß wiederholt wird, da sich niemand mehr an die Gründe
für die erste Ablehnung erinnert. Bei geeigneter Dokumentation können
solche zeitraubende Planungszyklen doch einigermaßen sicher ausgeschlos-
sen werden.

2.6 Hardwareentwicklung und Test

Beim Hardwarekonzept wurde eine solide Basis für die jetzt anschließende
Hardwareentwicklung gelegt. Hier fließen natürlich auch noch die Hard-
warevoraussetzungen für die Selbsttest- und ähnliche Serivcefunktionen

ein. Die Hardware-Entwicklung selbst unterscheidet sich kaum von der traditionellen Entwicklung einer komplexen logischen Schaltung. Für die Hardwareentwicklung sind eigene spezielle Meßgeräte auf dem Markt, von denen nur der Logikanalysator und der Bus-state-Analyser erwähnt werden sollen. Das wichtigste Hilfsmittel ist sicherlich das schon an anderer Stelle besprochene Mikroprozessorentwicklungssystem mit der Möglichkeit der In-circuit-Emulation, die die wichtigste Testhilfe bei der Hardwareentwicklung darstellt.

2.7 Softwareunterstützung und Test

Teilweise parallel zur Hardwareentwicklung kann die Softwareentwicklung durchgeführt werden. Bild 5 zeigt das Assemblerprogramm für das Geschwindigkeitsmeßbeispiel. Es soll hier jedoch nicht näher auf das Programm eingegangen werden. Ein Hinweis zur Zeitmessung darf jedoch nicht fehlen. Die Zeitmessung wird hier softwaremäßig durchgeführt, indem einfach eine Zeitschleife durchlaufen wird. Die Methode ist äußerst exakt, da die Befehlsausführungszeiten genau bekannt sind und der Systemtakt quarzstabilisiert ist. Die Genauigkeit ist also durchaus vergleichbar mit einer normalen Quarzuhr. Bild 6 zeigt noch den Output des Assemblers, und besonders der Oktalcode, der hier erzeugt wird, soll als abschreckendes Beispiel dafür dienen, nur in Ausnahmefällen direkt im Oktalcode zu programmieren. Im Normalfall sollte wenigstens die Assemblersprache, noch besser aber eine höhere Programmiersprache wie Pascal, PL/M und Basic verwendet werden. Der Laufzeitverlust wird durch eine bessere Lesbarkeit und damit eine bessere Wartbarkeit mehr als wettgemacht. Als Faustregel könnte gesagt werden, daß Programme mit mehr als 100 bis 150 Byte Länge nicht mehr direkt im Oktalcode geschrieben werden sollten.

Die Testmöglichkeiten sind bei der Software leider nicht so ausgereift, wie bei der Hardware. Es ist derzeit nicht möglich, auf irgendeine Weise nachzuweisen, daß ein Programm unter allen Umständen sicher richtig funktioniert. Dijkstra hat einmal gesagt, daß Softwaretests nur die Anwesenheit, nie jedoch die Abwesenheit von Fehlern beweisen können. Und wie sich in der Praxis immer wieder zeigt, hat er leider recht. Nur durch einen guten, strukturierten "Top-down"-Entwurf können die Fehlermöglichkeiten eingeschränkt und vor allem die Fehlerbeseitigung erleichtert werden.

2.8 Dokumentation

Während auf dem Gebiet der Hardware in der Dokumentation überhaupt keine
Probleme bestehen, liegt die Softwaredokumentation doch noch sehr im
argen. Bei der Hardwaredokumentation sind Zeichnungen, Zeichnungsnach-
weise, Bestückungspläne, Stücklisten und Teileverwendungsnachweise über-
all vorhanden, bei der Software fehlen solche und ähnliche Unterlagen
meist völlig. In diesem Zusammenhang soll auf zwei DIN-Normen verwiesen
werden, die sich derzeit im Begutachtungsverfahren befinden. Es sind
dies die DIN-Norm 66230 "Programmdokumentation" und die DIN-Norm 66232
"Datei- und Datendokumentation". Obwohl die beiden Normen vorerst nur
Ansätze enthalten, so sollte doch jede Chance genützt werden, die Software so gut wie die Hardware zu dokumentieren. Ein Teileverwendungsnach-
weis für Software sollte jedenfalls vorhanden sein, um bei notwendigen
Programmänderungen eine Auswirkung auf schon bestehende und ausgelie-
ferte Installationen berücksichtigen zu können.

2.9 Integrationstest

In diesem Abschnitt wird nun überprüft, ob Hardware und Software auch
miteinander einwandfrei funktionieren. Auch in dieser Phase bietet das
Entwicklungssystem die beste Testmöglichkeit, insbesondere da hiemit
schon frühzeitig Fehler festgestellt werden können.

2.10 Übergabe

In diesem letzten Abschnitt erfolgt nun die Übergabe des fertigen und
getesteten Gerätes an den Auftraggeber, der meistens auch der Endbenutzer ist. Jetzt bekommt er, falls vorgesehen, auch die Dokumentation
übergeben. Besonders bei etwas komplizierteren Systemen muß der Endbenutzer noch entsprechend eingeschult und mit der Funktion des Systems
vertraut gemacht werden.

3 Eigenentwicklung; Standardsysteme

Gerade bei der Fertigung von Systemen mit kleiner Stückzahl stellt sich
immer wieder die Frage, ob die Hardware von Grund auf selbst entwickelt
oder auf getestete Standardsysteme von Herstellern zurückgegriffen

werden soll. In beiden Fällen ist der Einsatz eines Mikrocomputersystems vorausgesetzt. Bild 7 gibt eine Antwort auf diese Frage: der Schnittpunkt liegt bei 400 Einheiten. Diese Grenze ist sicherlich je nach Anwendungsfall verschieden, liegt jedoch im Normalfall über 100 Einheiten. Die exakte Zahl muß je nach den aktuellen Gegebenheiten von Fall zu Fall neu berechnet werden. Bei der Beurteilung muß sowohl der schon geleistete Grundaufwand als auch der noch zu investierende Aufwand berücksichtigt werden.

4 Mikrocomputer - Minicomputer - Prozeßrechner

Im Abschnitt über das Hardwarekonzept wurde unterstellt, daß die Geschwindigkeit eines Mikroprozessors ausreicht, um die geforderte Aufgabenstellung zu erfüllen. Sollte das jedoch einmal nicht der Fall sein, welche Alternativen gibt es? Eine Möglichkeit wäre der Übergang zum bipolaren Mikroprozessor, im Gegensatz zu den gewöhnlichen MOS-Typen. Die Zykluszeiten gehen bei diesen Prozessoren bis zu 100 ns hinunter. Sollte eine noch höhere Geschwindigkeit erforderlich sein, so können Bit-slice-Typen verwendet werden, bei denen alle Einheiten eines Mikroprozessors aus 4 oder 8 bit breiten Stücken (Slices) aufgebaut sind. Der Benutzer muß sich aus diesen kaskadierbaren Prozessorstücken seinen Mikroprozessor aufbauen, dessen Eigenschaften er jedoch weitgehend selbst bestimmen kann. So kann eine nahezu beliebige Wortbreite erzeugt werden und vor allem ist dieser Mikroprozessor mikroprogrammierbar, so daß alle gewünschten Befehle ausgeführt werden können. Selbstverständlich ist die Entwicklung eines solchen Systems wesentlich aufwendiger und daher auch viel teurer.

Sollte trotzdem ein Mikrocomputer-System zu klein sein, so ist eben auf einen Minicomputer bzw. einen Prozeßrechner auszuweichen. Eine eindeutige Abgrenzung des Mikrocomputers zu diesen beiden Rechnertypen ist nur schwer zu definieren. Derzeit ist sicherlich die Größe des Adreßbereiches, die Wortbreite und die Durchführungsgeschwindigkeit ein Unterscheidungsmerkmal. Doch schon in naher Zukunft werden auch diese Kriterien nicht mehr zutreffen, da Mikroprozessoren immer leistungsfähiger werden. Schon heute sind in vielen Minicomputern und Prozeßrechnern Mikrocomputer eingebaut.

5 Zukünftige Entwicklung

Zur Abrundung dieses Themas soll noch ein Ausblick auf zukünftige Entwicklungen gemacht werden. Bild 8 zeigt eine Prognose des zu erwartenden Komplexitätsgrades integrierter Schaltungen. Als vorläufiger Höhe-
punkt dieser Entwicklung ist für das Jahr 1985 ein 32-Bit-Rechner mit
128-KByte-RAM auf einem Chip vorhergesagt. Durch die zunehmende Leistungsfähigkeit und den immer geringer werdenden Preis integrierter
Schaltungen tritt ein anderes Problem in den Vordergrund: die starke
Zunahme der Kosten für die Software. Bild 9 zeigt diese Entwicklung.
Daraus ist zu ersehen, daß im Jahre 1985 die Softwarekosten schon mehr
als 90 % an den Gesamtkosten eines Systems bilden werden. Zu beachten
ist, daß dieses Diagramm für den Hersteller von Computersystemen stimmt,
nicht jedoch für den Endbenutzer, der schon oft selbst gar keine Software schreibt, sondern die Software in Form von PROMs geliefert bekommt. Diese Form von Software wird deshalb auch "Solid-state"-Soft-
ware genannt. Durch diesen Übergang von Software auf "Solid-state"-
Software kann bei hohen Stückzahlen für den Endbenutzer sogar eine
bedeutende Verbilligung des Endproduktes eintreten. Bild 10 zeigt die
Wirtschaftlichkeitsgrenze des Einsatzes von "Solid-state"-Software in
den Jahren 1977 und 1990; daraus ergibt sich, daß im Jahre 1990 die Wirtschaftlichkeitsgrenze der "Solid-state"-Software bis in das Gebiet
der heutigen Minicomputer vorstoßen wird. Allerdings muß auch gesagt
werden, daß gerade auf dem Gebiet der Prozeßtechnik die einzelnen
Applikationen in der Regel so verschieden sind und daher in so gerin-
gen Stückzahlen erzeugt werden, daß der Einsatz von "Solid-state"-Soft-
ware wohl nicht sobald wirtschaftlich sein wird.

6 Zusammenfassung

An Hand eines konkreten Beispiels wurden die einzelnen Schritte
eines Mikrocomputereinsatzes besprochen. Besonders durch die Tatsache
der immer stärker steigenden Softwarekosten ist vor allem der Softwareentwicklung und -dokumentation größtes Augenmerk zu schenken. Es ist
empfehlenswert, sich gerade hier der neuesten Technologien und Hilfsmittel zu bedienen, um die Entwicklungskosten für die Software einigermaßen in den Griff zu bekommen. Andererseits zeigen die Prognosen der
Hardwareentwicklung, daß die Leistungsfähigkeit von Mikroprozessoren
mehr und mehr zunehmen wird und so der Mikroprozessor auch in Gebiete
vordringen wird, in denen er bisher aus Kostengründen oder wegen zu

geringer Zuverlässigkeit nicht eingesetzt wurde.

LITERATURVERZEICHNIS

(1) WENNER, G. btO11, das Mikrocomputer-System. Siemens 1977.

(2) TEXAS INSTRUMENTS. Unterlagen zum Seminar über Mikroprozessoren. 1979.

(3) SHEPHERD, M. Distributed Computing Power: a key to productivity. In: Computer, Vol. 10, Nov. 1977, pp 66-74.

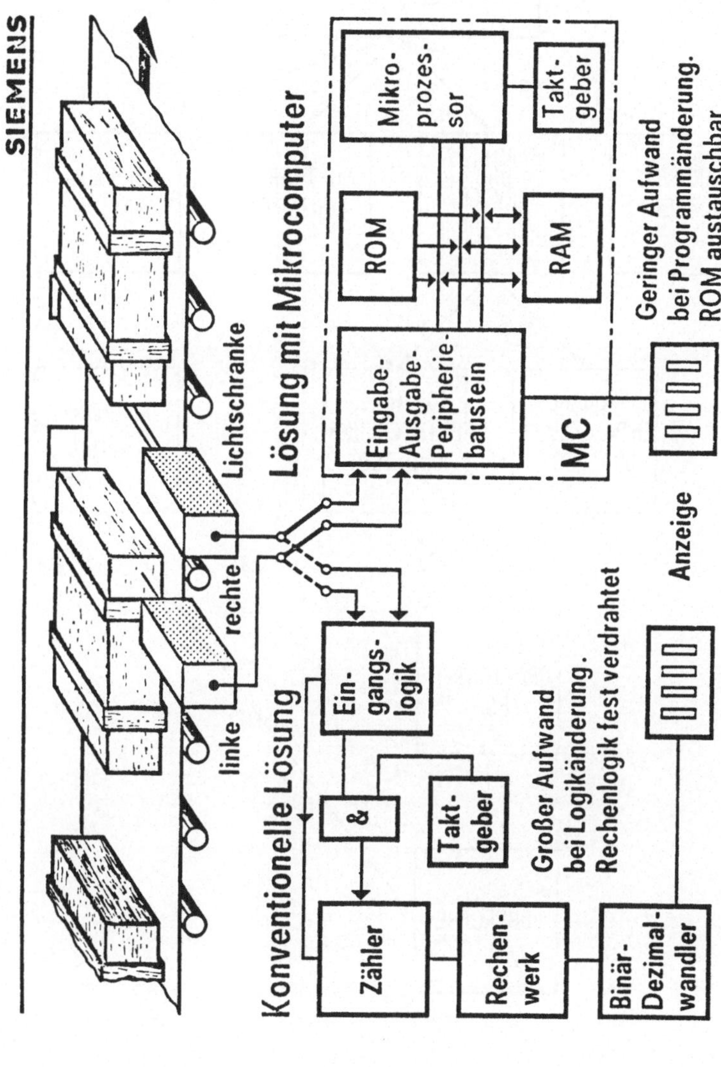

Bild 1: Geschwindigkeitsmessung (Beispiel)

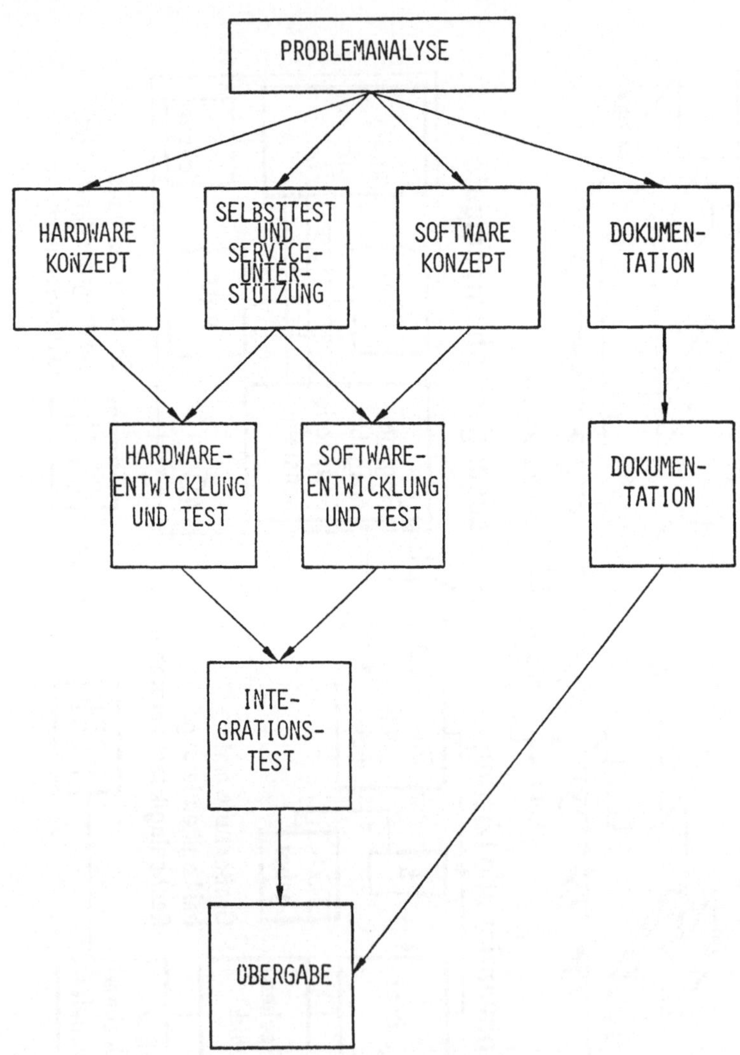

Bild 2: Phasen des Entwurfes eines Mikrocomputersystems

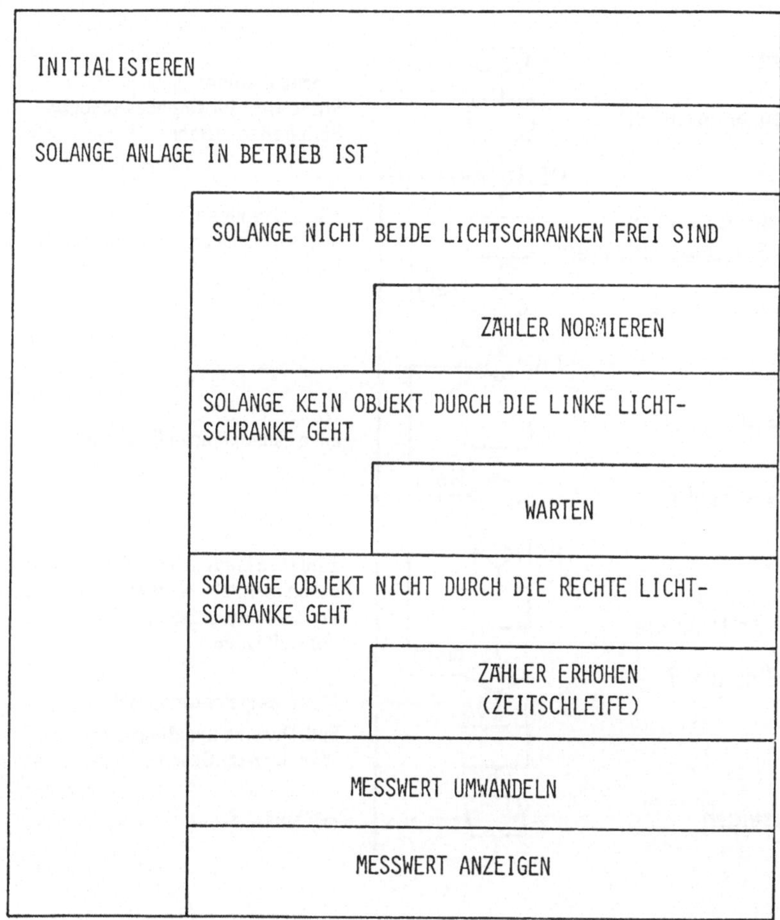

Bild 3: Struktogramm (Geschwindigkeitsmessung)

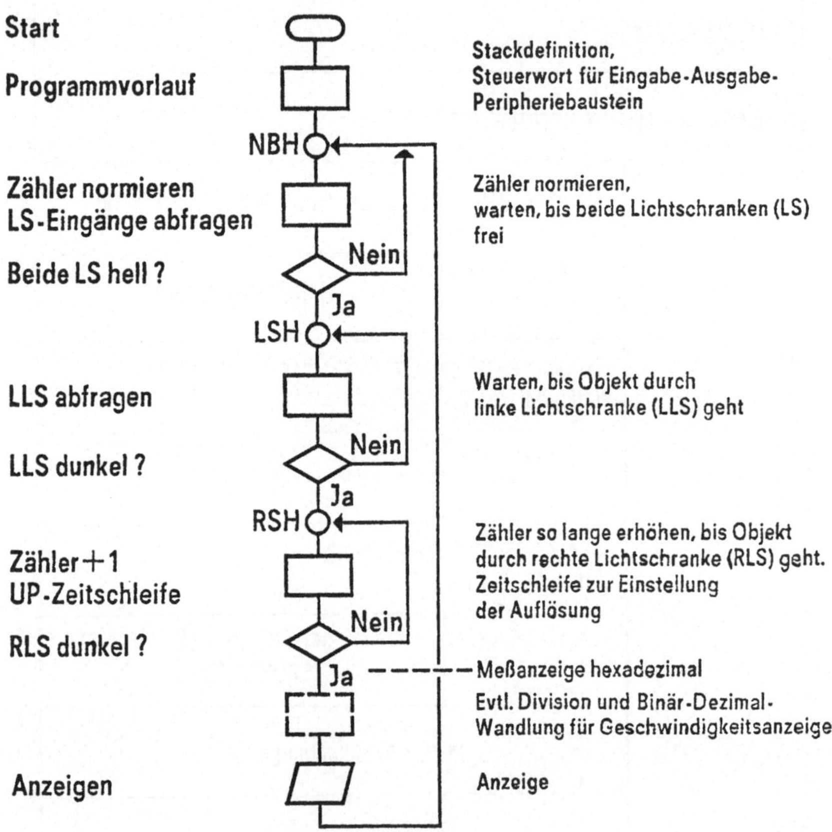

Bild 4: Geschwindigkeitsmessung; logischer Ablauf (Meßobjekte kommen von links)

Adr. Op.-Code

```
0000                        ORG 0           ;PROGRAMMANFANGSADRESSE
0000 31FF13                 LXI SP,RAMEN    ;STACKDEFINITION
0003 3E98                   MVI A,98H       ;STEUERWORT FUER 8255,A=INPUT PORT,
0005 D317                   OUT STWP                        (B=OUTPUT PORT
0007 0600       NBH:        MVI B,0         ;ZAEHLER RUECKSETZEN
0009 DB14                   IN  LS          ;LICHTSCHRANKEN ABHOLEN
000B E603                   ANI 3           ;MASKIEREN D0,D1
000D FE03                   CPI 3           ;MESS-STRECKE FREI?
000F C20700                 JNZ NBH         ;NICHT BEIDE HELL
0012 DB14       LSH:        IN  LS
0014 E601                   ANI 1
0016 C21200                 JNZ LSH         ;LINKE LS NOCH HELL?
0019 04         RSH:        INR B           ;ZAEHLER ERHOEHEN
001A CD2A00                 CALL WARTE      ;ZEITSCHLEIFE (Z.B. 1MS EINSTELLBAR)
001D DB14                   IN  LS
001F E602                   ANI 2           ;RECHTE SCHRANKE MASKIEREN
0021 C21900                 JNZ RSH         ;RECHTE LS HELL?
0024 78                     MOV A,B
```

; * * * * * * * * * * * * * * **Umrechnen in Geschwindigkeiten**

```
0025 D315                   OUT ANZ         ;ZAEHLER HEX AUSGEBEN
0027 C30700                 JMP NBH         ;RUECKSPRUNG AUF PROGRAMMANFANG
```

; * * * * * **Unterprogramm-Zeitschleife (etwa 255 × 15 Taktzyklen)**

```
002A 0EFF       WARTE:      MVI C,0FFH      ;ZEITSCHLEIFE
002C 0D         SCHL:       DCR C
002D C22C00                 JNZ SCHL
0030 C9                     RET
```

; * * * * * **Wertzuweisung zu den symbolischen Adressen**

```
0017           STWP         EQU 17H         ;STEUERPORT 8255
0014           LS           EQU 14H         ;INPUT PORT A
0015           ANZ          EQU 15H         ;OUTPUT PORT B
13FF           RAMEN        EQU 13FFH       ;OBERSTE RAMADR., STACKANFANG
0000                        END
```

Bild 5: Geschwindigkeitsmessung mit Sikit-Bausatz, Programm (Teil I)(1)

Symbolische Adressen im ROM-Speicher

```
Ø  BLOCKØ1   Ø
Ø  ANZ       ØØØ15H
Ø  LS        ØØØ14H
Ø  LSH       ØØØ12H
Ø  NBH       ØØØ37H
Ø  RAMEN     Ø13FFH
Ø  RSH       ØØØ19H
Ø  SCHL      ØØØ2CH
Ø  STWP      ØØØ17H
Ø  WARTE     ØØØ2AH
```

**Alphabetische Namensliste,
angelegt vom Assemblerprogramm**

Hexdatei, erstellt als Ergebnis des Assemblerlaufs, enthält das Programm im Maschinencode

```
:10ØØØØØ031FF133E98D3170600DB14E6Ø3FEØ3C24C
:10ØØ10060703DB14E601C21200034CD2AØ3DB14E65F
:10ØØ200Ø002C21900078D315C3070000EFFØDC22CØØC1
:01ØØ30000C900
:00000001FF
```

Durch Variation der Zeitschleifenlänge kann die Meßauflösung verändert werden

Bild 6: Geschwindigkeitsmessung mit Sikit-Bausatz, Programm (Teil II)(1)

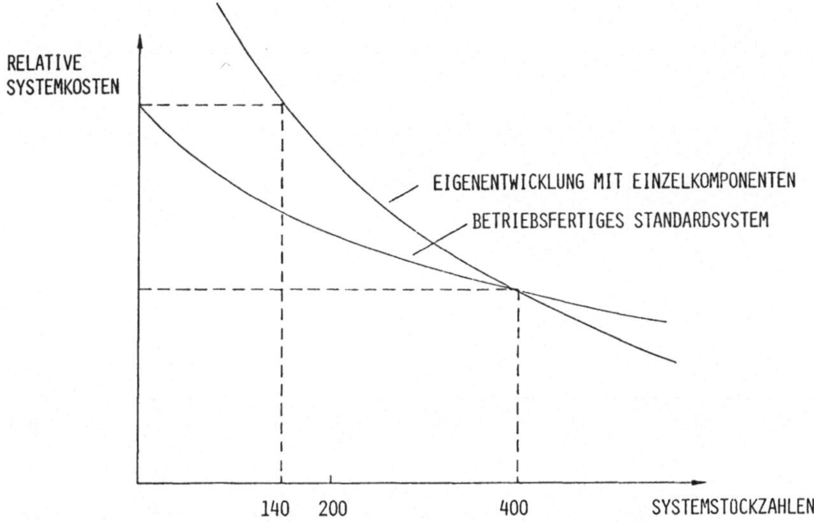

Bild 7: Gegenüberstellung: Eigenentwicklung - Standardsysteme (2)

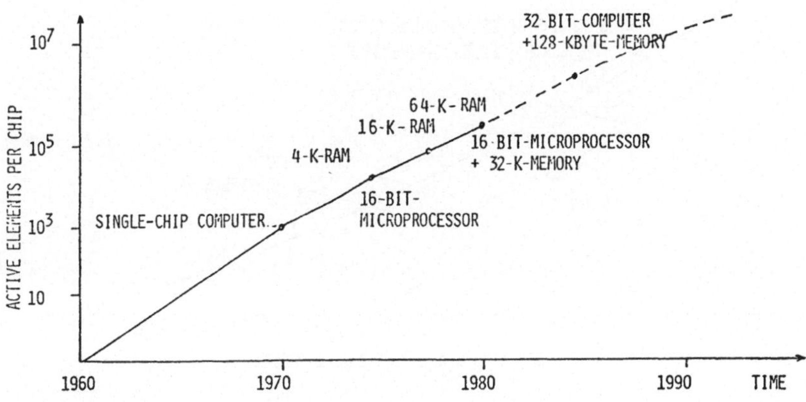

Bild 8: Entwicklung der Schaltungskomplexität 1960 - 1990 (3)

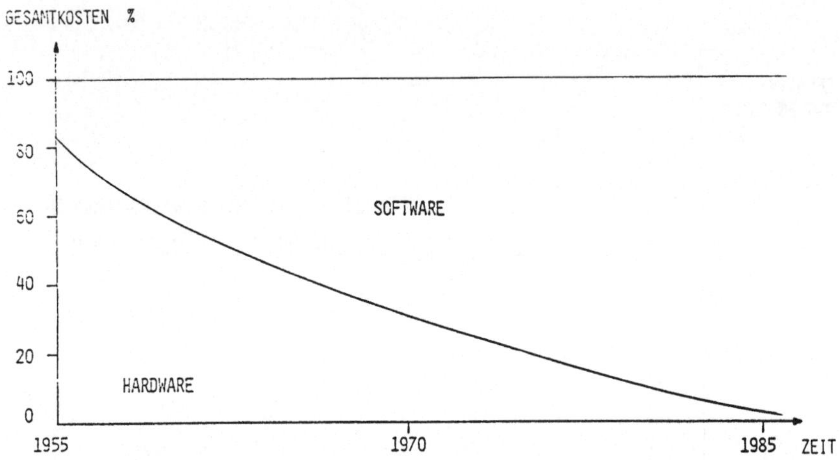

Bild 9: Die Entwicklung von Hardware- und Softwarekosten 1955 - 1985 (3)

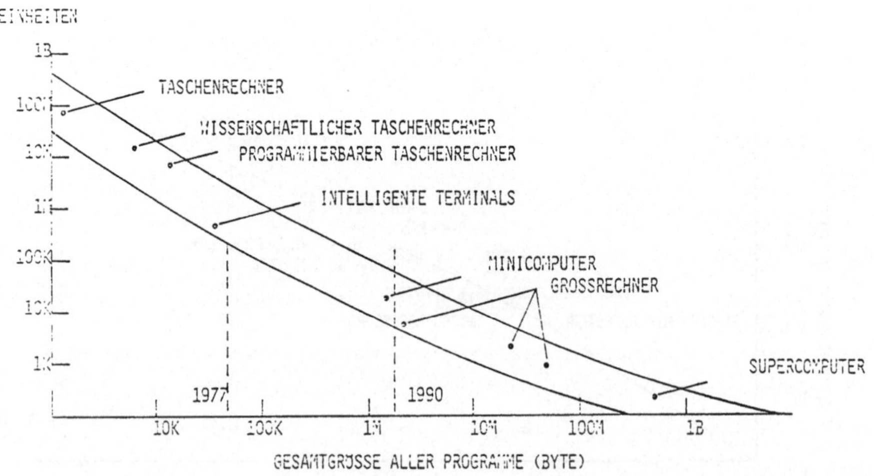

Bild 10: Wirtschaftlichkeitsgrenzen für den Einsatz von "Solid-state"-
Software (3)

VON DER HARDWARE ZUR SOFTWARE

Dipl.-Ing. Hans Szeremeta
Siemens-AG Österreich

1 Allgemeines

Jedes Computersystem besteht grundsätzlich aus Hardware und Software.
Es ist müßig, darüber zu philosophieren, welcher Teil wohl wichtiger
ist; beide Komponenten sind nötig, ergänzen einander und sind bis zu
einem gewissen Grad substituierbar.

Software ist der Sammelbegriff für alle Programme, die auf einem Computer ablaufen können. Zunächst scheint eine grobe Differenzierung der
Software in Betriebsprogramme und Anwenderprogramme sinnvoll:

Betriebsprogramme (Betriebssystem, Organisationsprogramm) sind Programme,
die das Arbeiten der Anlage an sich gewährleisten. Bedienroutinen für
diverse Peripheriegeräte, Editor-, Test- und Diagnoseprogramme, diverse
Sprachübersetzer (Compiler) beispielsweise sind Teile des Betriebssy-
stems.

Anwenderprogramme dagegen lassen den Rechner die gewünschten Aufgaben
ausführen, sie bringen die zunächst allgemein gültige Hardware dazu,
die vom Programmierer bzw. Systementwickler vorgesehenen Aufgaben zu
lösen.

Im Gegensatz zur kommerziellen Datenverarbeitung ist beim weitaus größten
Teil der Mikrocomputeranwendungen der Anteil an Betriebsprogrammen sehr
klein bzw. überhaupt Null. Das liegt daran, daß Mikrocomputersysteme
meist für nur einen ganz bestimmten Anwendungsfall konzipiert und programmiert werden.

2 Befehle und Befehlssatz

Man kann ein Programm (wobei hier ausschließlich von MC-Programmen die
Rede sein soll) als eine Menge von Befehlen definieren, die vom Rechner
selbständig sequentiell abgearbeitet werden. Ein Befehl ist dabei die
kleinste Einheit eines Programmes.

Die Menge der verschiedenen Grundbefehle, die ein Prozessor durchführen
kann, nennt man den Befehlssatz. Der Befehlssatz eines typischen Mikroprozessors besteht aus den Befehlsgruppen:

- laden und speichern,
- arithmetisch,
- logisch,
- schieben,
- Sprungbefehle,
- Blocktransfer,
- Ein-/Ausgabe,
- organisatorisch.

Insbesondere die Prozessoren der jüngsten Generation haben sehr lei-
stungsfähige Befehle wie Multiplikation und Division sowie Blocktrans-
ferbefehle, die eine komfortable Zeichenkettenverarbeitung und Text-
bearbeitung ermöglichen.

3 Datendurchsatz

Ein ganz wesentlicher Aspekt bei jeder Mikrocomputeranwendung ist die
Verarbeitungsgeschwindigkeit; man spricht in diesem Zusammenhang auch
vom erzielbaren Datendurchsatz. Ein geschwindigkeitsmäßiger Vergleich
von verschiedenen Prozessoren auf der Befehlsebene ist deshalb proble-
matisch, da die diversen Prozessoren gleichartige Befehle verschieden
schnell bearbeiten, und weiters gleichartige Befehle unterschiedlich
leistungsfähig sind. Ein einigermaßen objektiver Vergleich ist nur
durch den Ablauf von Testprogrammen möglich, die alle Befehlsgruppen
gleichermaßen berücksichtigen (sog. Benchmarkprogramme).

Um ein gewisses Gefühl zu vermitteln, seien nachstehend einige charak-
teristische Zahlen genannt: für einen typischen 8-bit-Prozessor (8080)
dauert der kürzeste Befehl (Register-Register-Operation) 2 µs, der
längste Befehl (Unterprogrammaufruf) 8,5 µs. Ein moderner 16-bit-Pro-
zessor benötigt für entsprechende Befehle 0,25 µs bzw. 1,625 µs. Verglichen mit dem allerersten Mikroprozessor bedeutet das eine 100fache
Steigerung des Datendurchsatzes in nicht ganz einem Jahrzehnt!

Trotz dieser enormen Fortschritte besteht gerade bei extremen Echtzei-
tenforderungen (z. B. numerische Steuerungen für Werkzeugmaschinen)

immer die Forderung größerer Verarbeitungsgeschwindigkeit.

Der mögliche Datendurchsatz eines MC-Systems ist technologie- und architekturbedingt. In den Forschungslabors der Firma IBM wird an einem Rechner gearbeitet, der aus Schaltkreisen, basierend auf dem Josephson Effekt, aufgebaut ist. Dieser Effekt tritt im supraleitenden Zustand bei Temperaturen unter 20 $^{\circ}$K (-253 $^{\circ}$C) im Halbleiter auf. Die Verzögerungszeit eines Gatters beträgt durchschnittlich 10 ps. Daraus resultiert eine Befehlszykluszeit von 2 ns. Die gesamte Zentraleinheit des Rechners muß in einem Volumen von 8 cm . 8 cm . 8 cm untergebracht werden, da selbst das Licht in 10 ps nur 3 mm zurücklegt. Hier zeigt sich eine absolute technologiebedingte Grenze.

Verbesserungen der Architektur eines Systems sind auf 2 Arten möglich:

a) Multiprozessorsysteme entweder in Form von mehreren gleichartigen, gleichwertigen oder hierarchisch organisierten Prozessoren, oder in Form eines Ensembles spezialisierter Prozessoren wie Standardprozessor und Arithmetikprozessor und Ein-/Ausgabeprozessor usw.

b) Verbesserung der internen Architektur des Prozessors selber. Ein ausgeführtes Beispiel zeigt Bild 1. Durch zeitliche Entkopplung der beiden Vorgänge "Befehl holen" und "Befehl durchführen" kann die Busschnittstelleneinheit mit maximaler Geschwindigkeit neue Befehle aus dem Speicher holen, diese werden in der Befehlswarteschlange zwischengespeichert und von dort von der Befehlsausführungseinheit mit maximaler Geschwindigkeit abgearbeitet. Bei einem solchen Schema lassen sich für die Befehlsausführungszeiten nur mehr statistische Mittelwerte angeben.

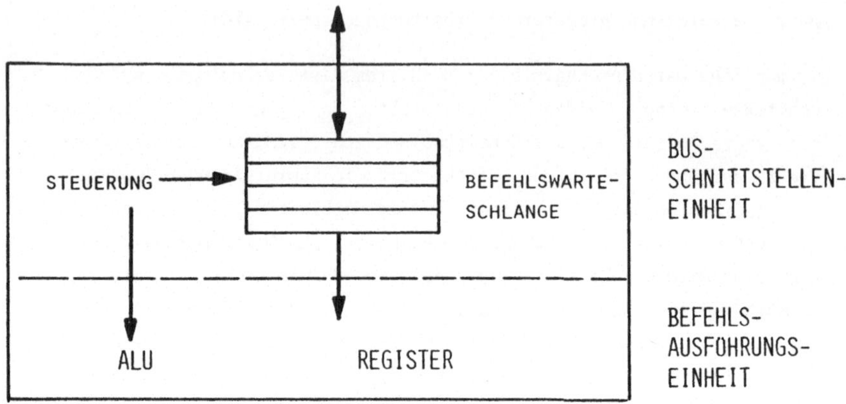

Bild 1: Entkopplung von "Befehl holen" und "Befehl durchführen"

4 Programmiersprachen

Der MC als digitales System verarbeitet nur binär codierte Informationen (Befehle und Daten). Es ist dies die Ebene der Maschinensprache
(Bild 2). Für den Menschen als Benützer ist diese Informationsdarstel-
lung in Form von Bitmustern natürlich sehr mühsam.

Die nächste Stufe in der Hierarchie der Programmiersprachen sind die
Assemblersprachen, welche sich durch weitgehende Verwendung von Symbolen
auszeichnen. Die Befehlscodes lassen sich leicht merken: beispielsweise
MOV für Transfer-(move-)befehle, JMP für Sprung-(jump)befehle usw. Außerdem können die im Operandenfeld der Befehle angegebenen Adressen und
Werte symbolisch angesprochen werden. Da der Programmierer diese symbolischen Adressen und Werte in Form von Namen zuweist, kann er sie ebenso aussagekräftig festlegen, wie das bei Befehlscodes bereits geschehen
ist.

Der Assembler (das Assemblerprogramm) übersetzt den symbolischen Code
des Primärprogrammes (Quellsprache, source code) in den vom MC auszuführ-
renden Maschinencode (object code).

Unter der Makrofähigkeit, die einige Assembler bieten, versteht man das
Leistungsmerkmal, häufig benötigte Befehlsfolgen zu standardisieren.
Diese Befehlsfolgen werden beim Programmieren nicht in das Quellpro-
gramm geschrieben, sondern an ihre Stelle wird ein sogenannter Makro-

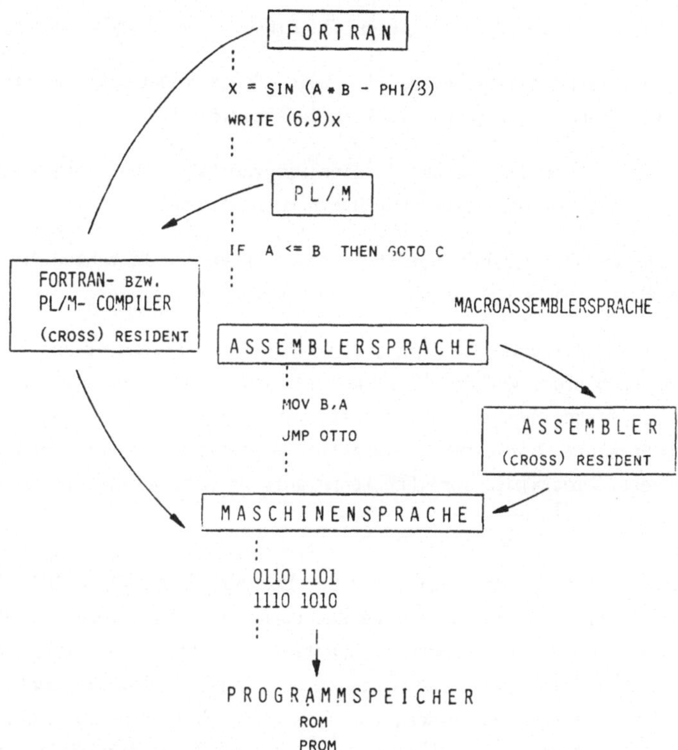

Bild 2: Programmiersprachen

aufruf in das Programm eingefügt. Auf Grund dieses Aufrufes fügt der
Assembler die Standardbefehlsfolge in das zu übersetzende Programm ein.

Ein wesentliches Leistungsmerkmal mancher Assembler ist die Möglichkeit,
relativierbare (verschiebbare) Objektcodemoduln zu erzeugen. Die Relati-
vierbarkeit erlaubt es dem Programmierer, Programme und Programmab-
schnitte zu schreiben, ohne Berücksichtigung der endgültigen Anordnung
des Objektcodeprogrammes im Speicher. Dies bietet den Entwicklern von
Mikrocomputersystemen wesentliche Vorteile auf den Gebieten Speicherver-
waltung und modulare Programmentwicklung:

- modulare Programmentwicklung bedeutet, ein komplexes Programm in eine
  Anzahl kleinerer, einfacherer Programmteile aufzuteilen;

- es ist im allgemeinen leichter, mehrere einfache Programme zu schreiben, zu testen und zu korrigieren als ein einziges komplexes Programm;

- es bringt zeitliche Vorteile, ein großes Programm aufzuteilen und
  von einem Team zeitlich parallel zu entwickeln;

- bewährte Objektmoduln können in eine Programmbibliothek aufgenommen
  und bei späterem Bedarf einfach übernommen werden.

Die einzelnen Objektmoduln werden im Anschluß an die Testphase mit
eigenen Hilfsprogrammen zusammengebunden und entrelativiert.

Trotz der geschilderten Vorteile, die komfortable Assembler und Assemblersprachen bieten, muß der Programmierer immer noch sehr viel von dem
Prozessor wissen, der dahinter steckt; man spricht von maschinenorien-
tierten Sprachen. Wer einmal beispielsweise bei Großrechnern den Kom-
fort höherer Programmiersprachen kennengelernt hat, möchte ihn auch bei
Mikrocomputeranwendungen nicht missen.

Die nächste Stufe in der Hierarchie der Programmiersprachen (Bild 2) ist
die Sprache PL/M. Es ist dies eine Untermenge von PL/1, die speziell für
die Bedürfnisse der Mikrocomputer adaptiert ist. Das einfache Beispiel
zeigt, daß die einzelnen Statements in Form des üblichen mathematischen
Formalismus geschrieben werden, wobei sich der Programmierer nicht um
die Gegebenheiten des ausführenden Prozessors (Register, Flags usw.)
kümmern muß - man spricht dann sinngemäß von problemorientierten Sprachen.

Einer Anweisung in PL/M entspricht - je nach Komplexität - eine ganze
Anzahl von Maschinenbefehlen. Ähnlich wie bei der Assemblersprache
ist auch hier eine Übersetzung auf das Niveau der Maschinensprache nötig. Übersetzer von höheren Sprachen nennt man gewöhnlich Compiler.

Wenn insbesondere höhere mathematische Funktionen oder umfassende Ein-/
Ausgabemöglichkeiten über ein Terminal wichtig sind, dann kann man
auch FORTRAN in Betracht ziehen, welches ebenso wie COBOL auch für MC-
Anwendungen verfügbar ist.

Es liegt in der Natur der Sache, daß höhere Sprachen längere Maschinen-
programme liefern als wenn dasselbe Problem in Assemblersprache formuliert worden wäre. Bild 3 verdeutlicht diesen Sachverhalt.

ASSEMBLER

+	-
OPTIMIERBAR BEZÜGLICH SPEICHERBEDARF UND/ODER PROGRAMMLAUFZEIT	MASCHINENABHÄNGIG
	LANGSAMERES PROGRAMMIEREN
ÜBERSICHTLICH BEZÜGLICH PROGRAMMLAUFZEIT	

COMPUTER WIRD BESSER AUSGENÜTZT

HÖHERE SPRACHE

+	-
LEISTUNGSFÄHIGE BEFEHLE	LÄNGERE PROGRAMME
SCHNELLES, EFFEKTIVES PROGRAMMIEREN	LANGSAMERE PROGRAMME
SELBSTDOKUMENTIEREND	ÜBERSETZUNGSZEIT
WARTUNGSFREUNDLICH	
UNTERSTÜTZT STRUKTURIERTE PROGRAMMIERUNG	
PROBLEMORIENTIERT BZW. MASCHINENUNABHÄNGIG	

PROGRAMMIERER WIRD BESSER AUSGENÜTZT

Bild 3: Vor- und Nachteile von Assemblersprachen bzw. höheren Sprachen

Zusammenfassend kann man sagen, daß die Assemblersprache den Compiler besser ausnützt, während höhere Sprachen den Programmierer besser ausnützen.

Bild 4 schließlich zeigt verschiedene Aspekte, die einerseits höhere Sprachen geeignet scheinen lassen, bzw. solche, wo Assemblersprachen Vorteile bringen.

Beispielsweise ist der Speichermehraufwand, den höhere Sprachen bedingen, in der Zeit immer weiter sinkender Speicherkosten kaum mehr relevant. Die Ablaufgeschwindigkeit eines Programms wird allerdings immer ein wichtiger Aspekt sein, den es zu beachten gilt.

Eine optimale Vorgangsweise ist folgende:

Die zeitkritischen Programmteile werden in bezug auf Ablaufgeschwindig-

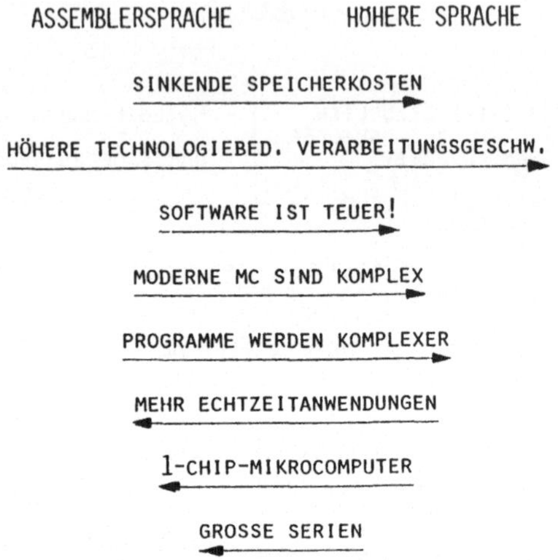

ASSEMBLERSPRACHE   HÖHERE SPRACHE

SINKENDE SPEICHERKOSTEN
$\longrightarrow$

HÖHERE TECHNOLOGIEBED. VERARBEITUNGSGESCHW.
$\longrightarrow$

SOFTWARE IST TEUER!
$\longrightarrow$

MODERNE MC SIND KOMPLEX
$\longrightarrow$

PROGRAMME WERDEN KOMPLEXER
$\longrightarrow$

MEHR ECHTZEITANWENDUNGEN
$\longleftarrow$

1-CHIP-MIKROCOMPUTER
$\longleftarrow$

GROSSE SERIEN
$\longleftarrow$

Bild 4: Vergleich: Assemblersprache - höhere Sprache

keiten optimiert und in Assemblersprache geschrieben, alle anderen Programmteile z.B. in PL/M. Die beiden Programmteile übersetzt man nun getrennt und bindet sie dann auf Objektcodeebene zusammen. Man verbindet damit die effektive Programmierung mit einem optimal ablaufenden Programm.

Zuletzt soll noch der Begriff des Interpreters erläutert werden.

Normalerweise liefert ein Compiler (Assembler) ein Maschinenprogramm, welches dann beispielsweise in PROMs programmiert werden kann. Wird beim Test ein Fehler festgestellt, muß auf Sourcecode-Ebene korrigiert werden usw.

Anders arbeiten sogenannte interpretative Sprachen (BASIC ist eine solche Sprache, obwohl es auch BASIC-Compiler gibt): Hier bildet erst die Verbindung von Sourcecode mit dem zugehörigen Interpreter ein ablauffähiges Programm, d. h. sowohl Anwenderprogramme als auch Interpreter müssen im Arbeitsspeicher des MC abgelegt sein.

Die einzelnen Anweisungen des abzuarbeitenden Programms werden nun nacheinander "interpretiert". Im Fehlerfall können nur im Dialogbetrieb sehr einfach Programmzeilen eingefügt bzw. gelöscht oder geändert wer-

den, ohne daß irgendein Übersetzungsvorgang nötig wäre. Bild 5 verdeutlicht diesen Sachverhalt und stellt Vor- und Nachteile dieses Verfahrens
einander gegenüber.

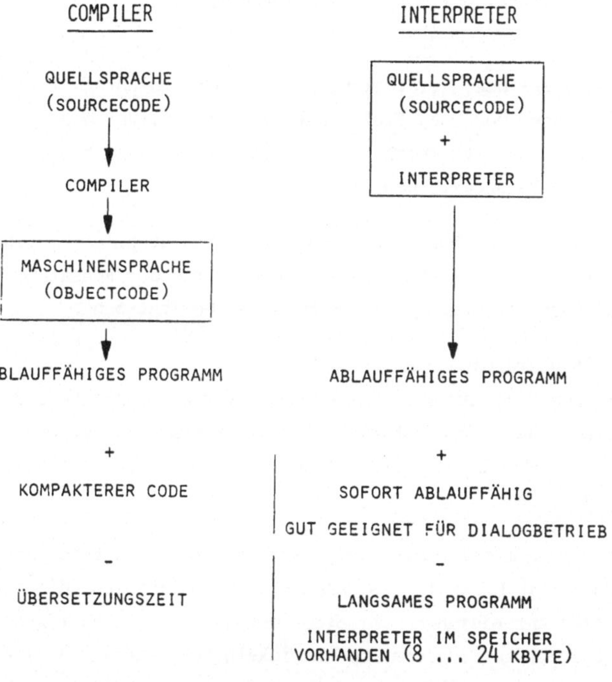

Bild 5: Gegenüberstellung von Compiler und Interpreter

Die in diesem Beitrag aufgezeigten Zusammenhänge lehren, daß es schon
einiger Umsicht und Erfahrung des Systementwicklers bedarf, um von der
Software her optimale Lösungsmöglichkeiten für das jeweilige Problem
auszuwählen, um also den Mikrocomputer in seiner Gesamtheit bestmöglich
einsetzen zu können.

PROBLEMLÖSUNG MIT DEM MIKROCOMPUTER

Ing. (grad.) Gerhard Wenner

Siemens AG München

Leiter der Schule für Mikrocomputer

Eine Maschinen- oder Gerätesteuerung mit Mikrocomputern aufzubauen, ist in der heutigen modernen Elektronik ein vernünftiger Weg der Problemlösung. Bei genauerer Betrachtung dieser Problematik haben einige Schwerpunkte besonderes Gewicht.

Die Verlagerung von Mechanikanteilen zu mehr integrierten Schaltkreisen, und speziell bei Anwendung von Mikrocomputern der Einsatz von Standardschaltkreisen, sind ein ganz wesentlicher Gesichtspunkt.

Ein mit Standard-Bausteinen aufgebauter Mikrocomputer bekommt aber erst mit dem Programm sein "Eigenleben" für eine spezielle Problemlösung. Dieser durch die Software flexible Einsatz ermöglicht die vielfältigsten Anwendungen. Bild 1 zeigt symbolisch die verschiedenen Anwendungsgebiete.

Eine Steuerung mittels Mikrocomputer aufzubauen, bedeutet also im wesentlichen, die Hardware des Computers zu konzipieren, die sehr wohl spezifische Anforderungen der Steuerungsaufgabe beinhalten kann, und die Software (das Programm) zu entwickeln, welche(s) die eigentlichen Steueralgorithmen enthält. Hardware und Software bilden das Mikrocomputersystem "MCS". Dieses MCS bedarf einer Schnittstellenanpassung an das zu steuernde System.

Betrachtet man an einem Beispiel (Bild 1 im Beitrag Beyerle, Seite 25) die unterschiedliche Realisierung einer Steuerungsaufgabe in diskreter Technik bzw. Mikrocomputerlösung, so kann man bei der MC-Lösung das Steuerungsprinzip nicht mehr erkennen.

Ein Flußdiagramm der logischen Abläufe (Bild 4 im Beitrag Beyerle, Seite 28) gibt hier wieder Einblick. Das Phänomen Software für den ehemaligen Hardwareentwickler wird erkennbar. Die logischen Abläufe dieser Steuerung sind mittels einer Programmiersprache (hier Assembler 80) niedergeschrieben (Bild 5 im Beitrag Beyerle, Seite 29).

Die "Kommentare" lassen den Laien, wie den Entwickler selbst, das Flußdiagramm erkennen.

Ein solches Programm muß für den Mikrocomputer in eine für diesen MC
verständliche Codierung (ein MC arbeitet intern wie alle Computer binär) übersetzt werden, wovon hier das hexadezimale Abbild gezeigt ist
(Bild 6 im Beitrag Beyerle, Seite 30). Diese im Mikrocomputer ablauf-
fähige Programminformation wird in einem Programmspeicher hinterlegt
und in den Hardwareaufbau des MC eingesteckt.

Einen typischen Aufbau eines MC, hier in allgemeiner Form eines 8080,
zeigt Bild 2.

Für eine Steuerung ist also der Hardware-Aufbau zu entwickeln und ein
Programm zu erstellen.

Bevor jedoch eine Problemlösung mittels Mikrocomputer realisiert wird,
sind verschiedenste, allgemeine Vorüberlegungen anzustellen (Bild 3, 4,
5).

Die Entstehungsphasen eines MCs können allgemein in drei Phasen

- Planung,
- Analyse,
- Entwicklung

betrachtet werden (Bild 6).

Wenn entschieden wurde, eine Mikrocomputerlösung zu entwickeln, so
kommt der Analyse besondere Bedeutung zu (Bild 7).

Betrachtet man die Systemanalyse als Schalenmodell, so durchdringt man
beim Durchschneiden diese "Zwiebel" von außen bis in die inneren Scha-
len und weiter, wieder bis zur äußeren Schale. Nach völligem Durchschneiden wird die innere Struktur völlig transparent.

In Analogie heißt dies:

Von außen - den peripheren Anforderungen - beginnend werden bis zu
inneren Funktionsabläufen analytisch Zusammenhänge geklärt. Bei weiterer Durchdringung von innen nach außen, können immer mehr Festlegungen
und Absprachen getroffen werden, die zu einem "Pflichtenheft" für die

Hardware und Software des Mikrocomputers und seiner Schnittstelle führen.

Diese Analysephase hat in der Mikrocomputertechnik mehr denn je sehr
große Bedeutung für die weiteren Hard- und Software-Entwicklungen
(Bild 8 bis 12).

Aus verschiedenen Gründen kommt der Softwareentwicklung besondere Bedeutung zu. Hier seien nur zwei Gründe genannt:

- Es werden überwiegend Programme von "Hardware-Entwicklern" erstellt.
  Für diese aber ist Programmieren "Neuland" und bedeutet Erfahrung
  sammeln.

- Mit fortschreitender Integration der LSI-Bausteine wird weniger Hardware zu entwickeln sein, aber immer mehr "intelligente Bausteine" stehen für Teilkomplexe zur Verfügung. Die Bausteine werden wiederum
  durch Steuerworte softwaremäßig in ihren Eigenschaften gesteuert.

Bild 9 im Beitrag Beyerle, Seite 32 zeigt diesen Trend.

Zur Bewältigung dieser Softwareproblematik sind spezielle Werkzeuge
notwendig.

Entwicklungssysteme mit komfortabler Softwareunterstützung zur Ent-
stehung und zum Test der zu entwickelnden Software, sowie Testadapter
zum gemeinsamen Hard- und Software-Test eines MC, können als der
Oszillograph der MC-Technik angesehen werden.

Zusammenfassend kann gesagt werden:

Die Mikrocomputertechnik ist geeignet, durch die weitgehende Verlagerung der Steuerungsaufgabe in die flexible Software, in vielfältigsten
Problemlösungen angewendet zu werden. Die Weiterentwicklung der Technologie, die höhere Integration und damit höhere Leistungsfähigkeit der
MC, lassen in Zukunft immer komplexere Problemlösungen zu.

Oder anders gesagt: Immer leistungsfähigere Bausteine können preisgün-
stig zu kleineren Problemlösungen eingesetzt werden. Höhere Programmiersprachen und weiterentwickelte Hilfsmittel zur Soft- und Hardware-
Entwicklung und -Tests unterstützen diesen Trend.

Für den Entwickler bleibt jedoch die immer intensiver werdende Forderung, sich mit dieser Technik auseinanderzusetzen und ein erweitertes funktionales Systemdenken aufzugreifen.

Bild 1: Anwendungsgebiete des Mikrocomputers

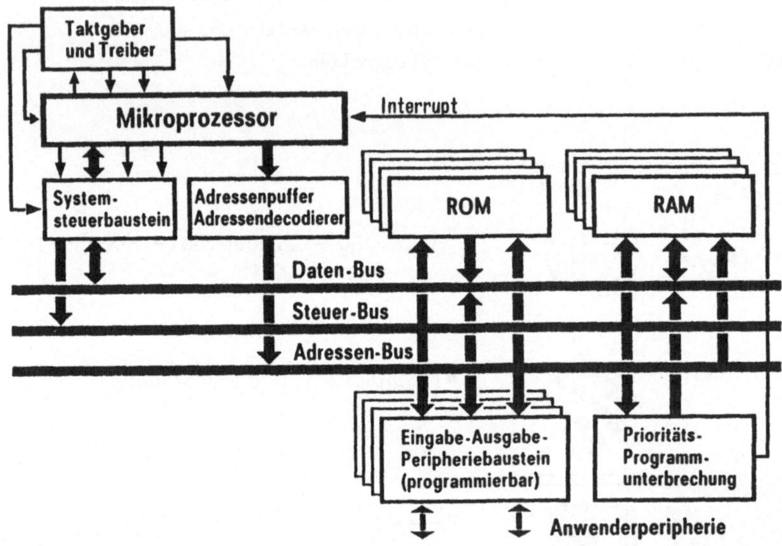

Bild 2: Technische Bausteinkonfiguration eines kompletten Mikrocomputers

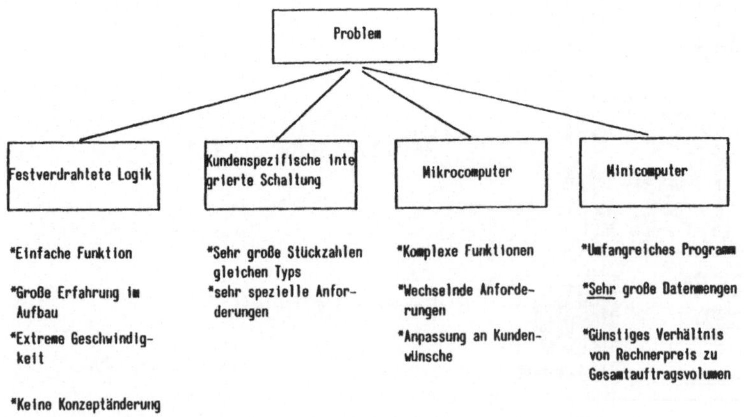

Bild 3: Entscheidungskriterien für eine Problemlösung

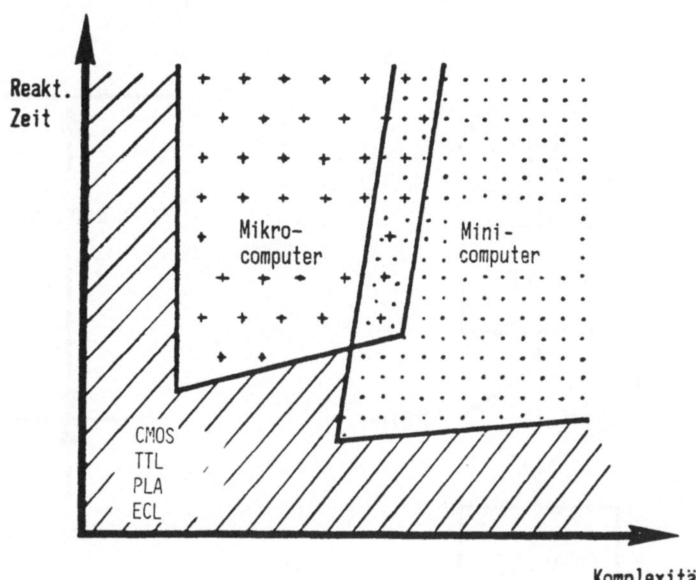

Bild 4: Abgrenzung festverdrahteter Logik gegenüber Software-orientierten
Systemen

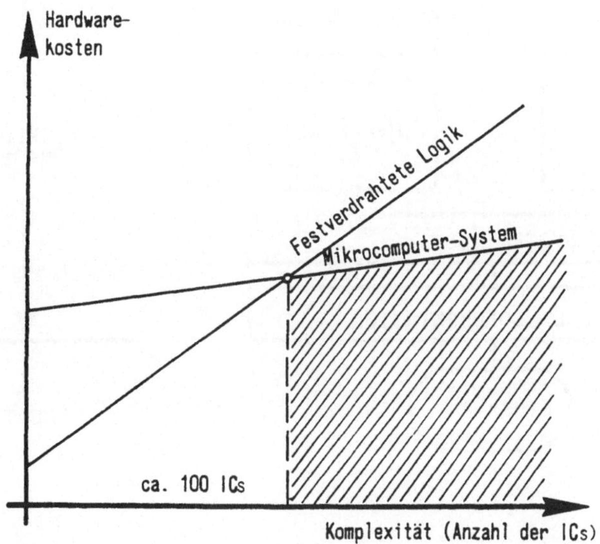

Bild 5: Kostenvergleich: Festverdrahtete Logik und Mikroprozessor-System
(SAB 8080)

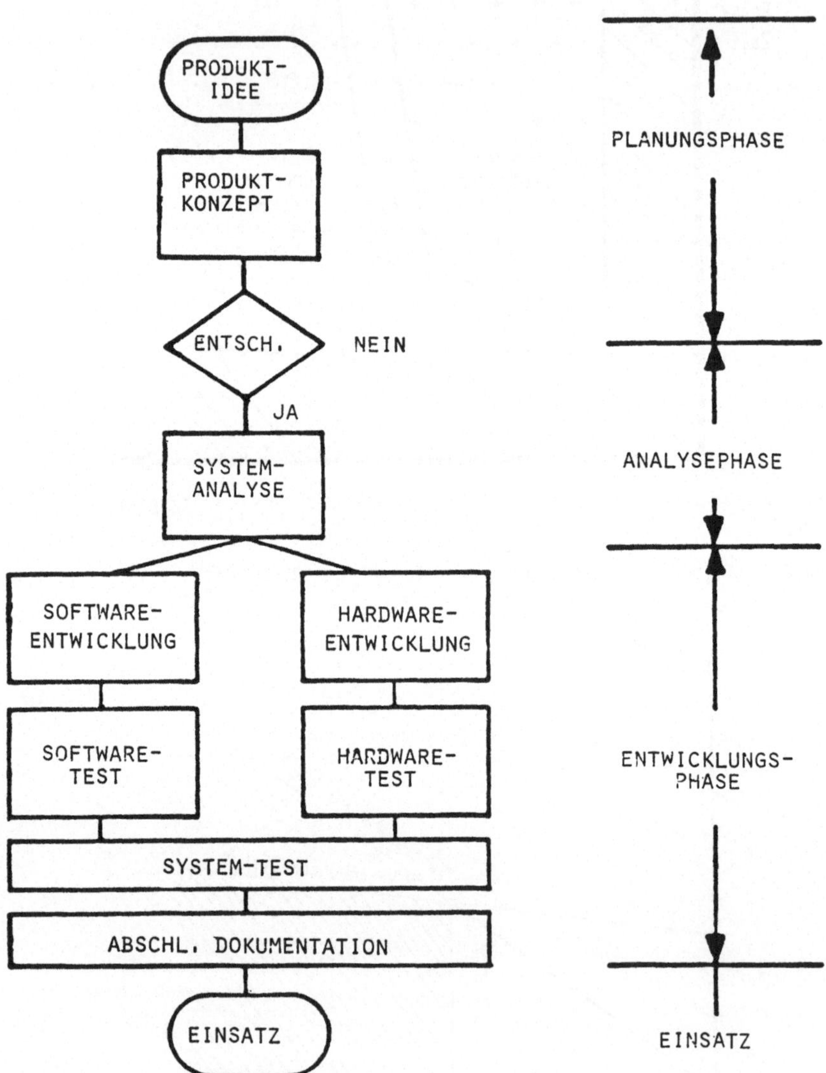

Bild 6: Entstehungsphasen eines MCS

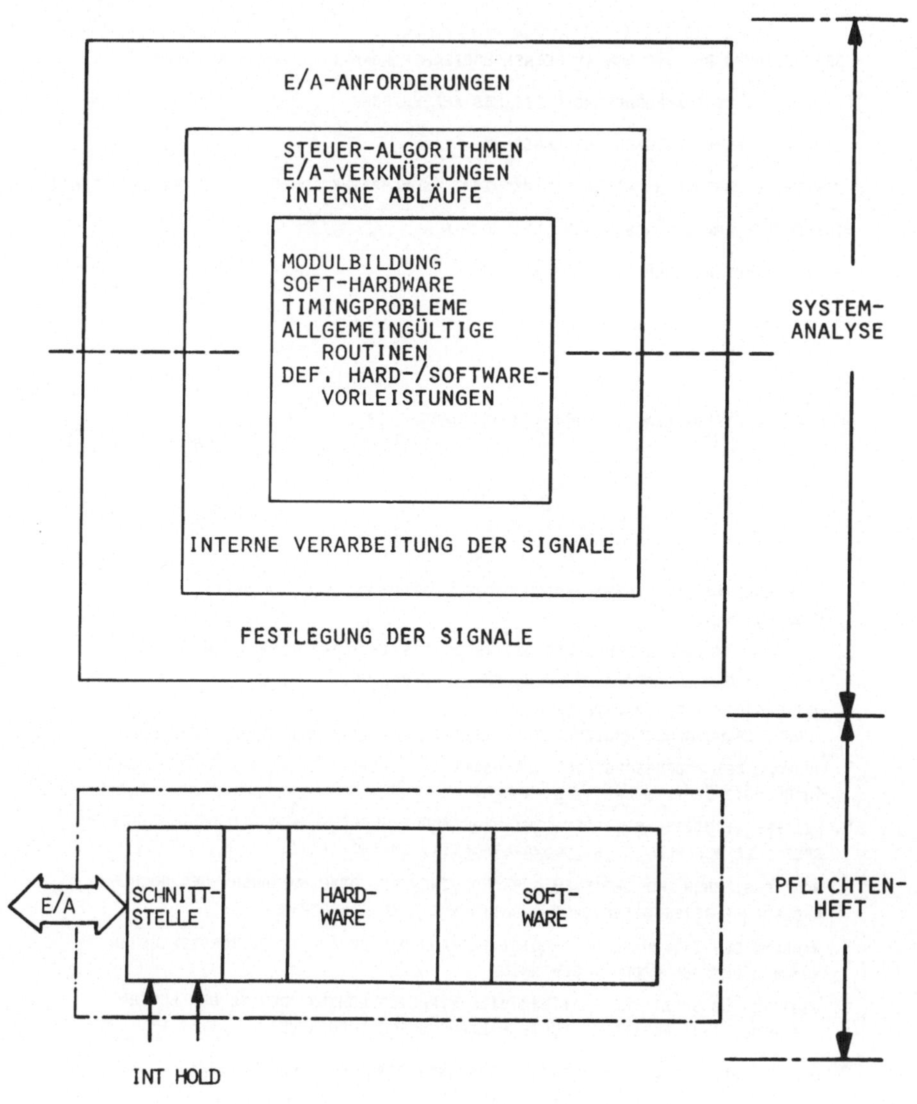

Bild 7: Produktdefinition (logischer Prozeßablauf)

- BESCHREIBUNG DES SYSTEMS IN SEINEN LOGISCHEN FUNKTIONEN (FLUSSDIAGRAMM)

- GESCHWINDIGKEITSANFORDERUNGEN DES MCS ANALYSIEREN

- EIN-/AUSGABE-FUNKTIONEN FESTLEGEN

- VORÜBERLEGUNGEN FÜR DAS BAUSTEINKONZEPT (SONDERFUNKTIONEN SPEZIELLER BAUSTEINE)

- INTERRUPT, DMA-ERFORDERNISSE UNTERSUCHEN

- SPEICHERAUFWAND (RAM, ROM) ABSCHÄTZEN

Bild 8: Systemanalyse, Grundüberlegungen

1. NICHT NUR AN DAS MINIMALSYSTEM DENKEN (OPTIONEN, NEUE PRODUKTE, KUNDENWÜNSCHE)

2. VORAUSSICHTLICHE LEBENSDAUER DES PRODUKTES AM MARKT BERÜCKSICHTIGEN, D. H. EVENTUELL ERSATZ DURCH NEUEN, BILLIGEN MP

3. UNIVERSALITÄT DER BAUSTEINFAMILIE (ERWEITERUNGSMÖGLICHKEITEN, VORAUSSICHTLICHE LEBENSDAUER DER FAMILIE).

4. AUSWAHL DES PROZESSORS NACH DURCHSATZ (WARNUNG: NICHT AM ANSCHLAG FAHREN)

5. WEITERE WICHTIGE KRITERIEN: INTERRUPTMÖGLICHKEITEN, ADRESSIERMÖGLICHKEITEN, SPEZIELLE BEFEHLE, Z. B. BCD-ARITHMETIK, DMA-MÖGLICHKEIT

6. MÖGLICHST FRÜH MIT GERINGEM AUFWAND EINEN PROTOTYP AUFBAUEN, DER NOCH REDUNDANTE TEILE HABEN DARF. PLATINEN-SYSTEM EINSETZEN

7. WÄHREND DER TESTPHASE DES PROTOTYPS KANN MAN DETAILLIERTE VORSTELLUNGEN VOM ENDGÜLTIGEN PRODUKT GEWINNEN

8. ABWÄGEN, OB SPEZIELLE PLATINEN SICH WIRKLICH LOHNEN ODER OB MAN BESSER AUF MODULARE, BEREITS GEPRÜFTE KARTENSYSTEME ZURÜCKGREIFT

9. DOKUMENTATION BEACHTEN, FERTIGE PLATINEN SIND AUCH DOKUMENTIERT

Bild 9: Systemanalyse, Parameter

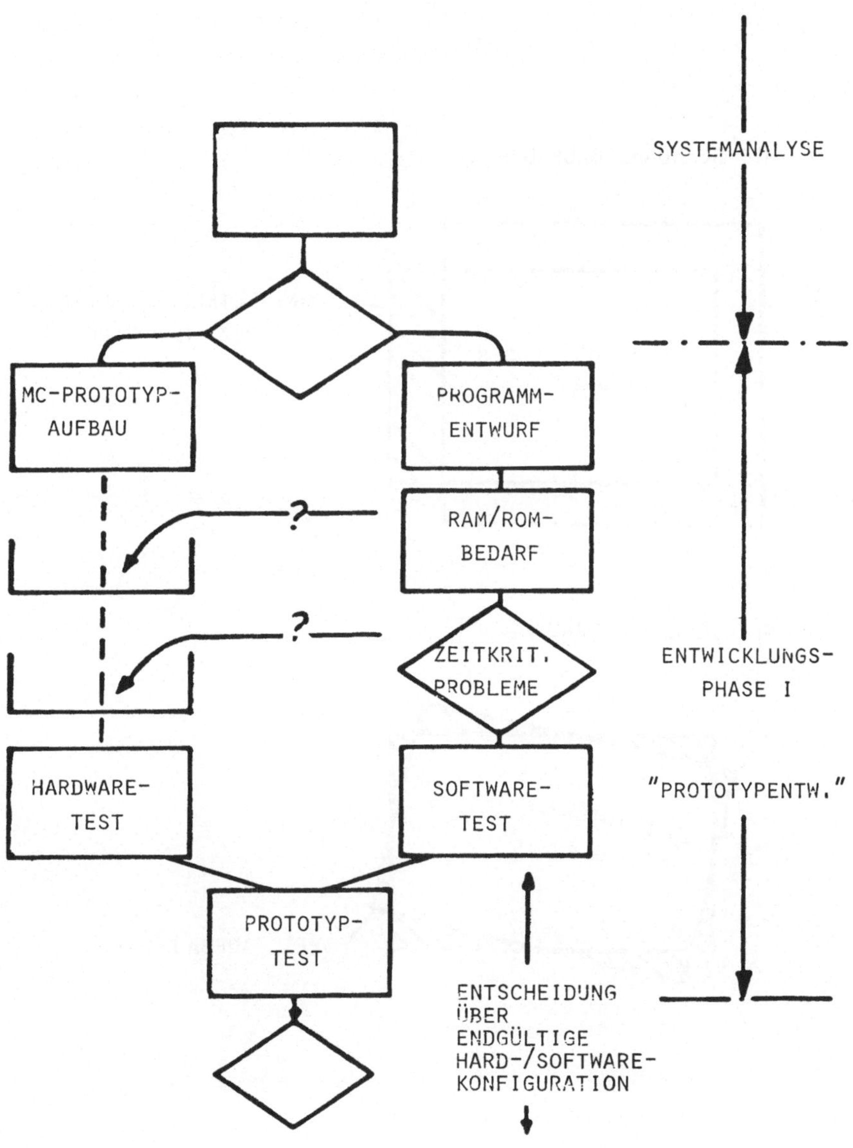

Bild 10: Entwicklung eines MCS

I. MIT STANDARD-BAUGRUPPEN

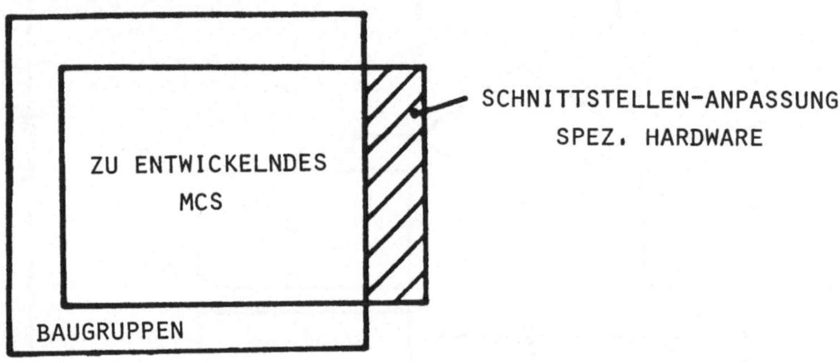

II. SPEZIELLER AUFBAU

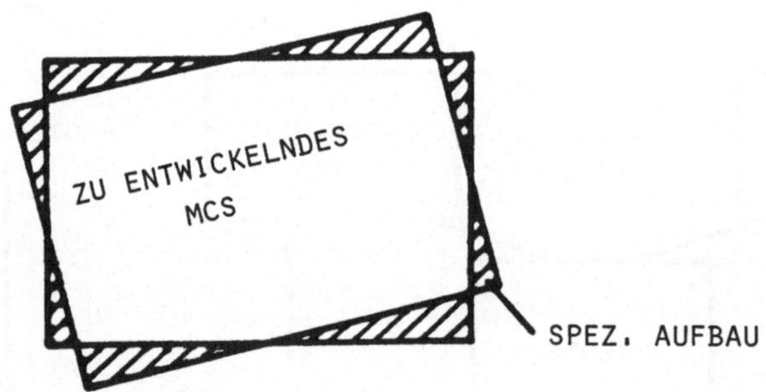

Bild 11: MC-Prototyp-Entwicklung

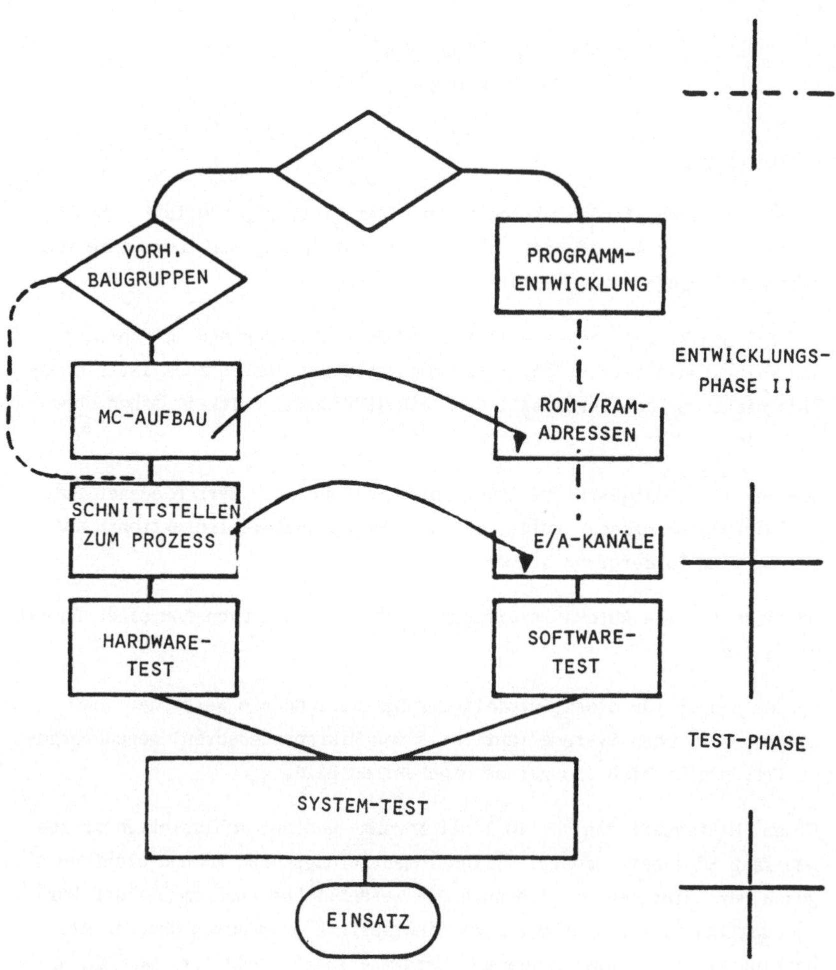

Bild 12: Entwiclung eines MCS 2

TECHNISCHE UND WIRTSCHAFTLICHE ÜBERLEGUNGEN ZUR VERWENDUNG VON MIKRO-
PROZESSOREN IN STEUERUNGEN FÜR DEN INDUSTRIEEINSATZ[x)]

Dipl.-Ing. Erich Oitzl
Siemens AG Erlangen

1 Einführung

Mikroprozessoren finden wir heute in einer Vielzahl, zum Teil sehr un-
terschiedlicher Anwendungen, obwohl sie erst Anfang der 70er Jahre zum
ersten Mal eingesetzt wurden.

5 Millionen Mikroprozessor-Einsätze in Westeuropa werden im Rahmen einer Marktstudie bereits für 1980 prognostiziert. Diese Zahl ist sicherlich nicht zu hoch angesetzt, denn bis 1978 wurden weltweit schon über
9 Millionen Mikroprozessoren verkauft.

Die in Bild 1 dargestellte Stückzahlaufteilung nach verschiedenen Auto-
matisierungsbereichen zeigt, daß Konsum- und Automobilelektronik mit
ca. 50 % im Vordergrund stehen.

Der industrielle Automatisierungsbereich weist hingegen nur einen Anteil
von 8 % auf.

Werden jedoch für diese Automatisierungsbereiche die Werte der anwendungsspezifischen Systeme (auf Basis von Mikroprozessoren) gegenübergestellt, ergibt sich ein gerade umgekehrtes Bild.

Einem Wertanteil von ca. 10 % bei Konsum- und Automobilelektronik stehen fast 50 % bei Industrie-, Instrumentierungs- und Rechnerelektronik
gegenüber. Hier deutet sich auch ein wesentliches Problem bei der Verwendung von Mikroprozessoren an: Einerseits können durch den Einsatz
hochintegrierter Bauelemente die Hardware-Kosten reduziert werden, andererseits bringen jedoch die Ingenieurleistungen, die für eine System-
lösung notwendig sind, laufend steigende Kosten mit sich. Daher ist es
besonders im Bereich der Industrieelektronik, wo i. a. für eine Entwicklung keine großen Stückzahlen erreicht werden können, wichtig, daß eine

[x)]Dieser Aufsatz wurde nach einer Vorlage von Dipl.-Ing. K. Mayer er-
  arbeitet

universell einsetzbare, standardisierte Hardware und einfach zu hand-
habende Software (= Anpassung an die jeweilige Aufgabe) zur Verfügung
stehen.

Nach diesen allgemeinen Vorbemerkungen nun zum eigentlichen Thema:
"Mikroprozessoren in Steuerungen für den Industrieeinsatz".

Zunächst soll, um eine gemeinsame Begriffsbasis zu schaffen, kurz der
Weg zum Mikroprozessor skizziert und eine grobe Einteilung der verschiedenen Mikroprozessortypen vorgenommen werden. Anschließend werden
technische und wirtschaftliche Gesichtspunkte für den Einsatz von Mikroprozessoren in der industriellen Steuerungstechnik diskutiert. Den Ab-
schluß bildet ein beispielhafter Überblick über realisierte Steuerungen mit Mikroprozessoren.

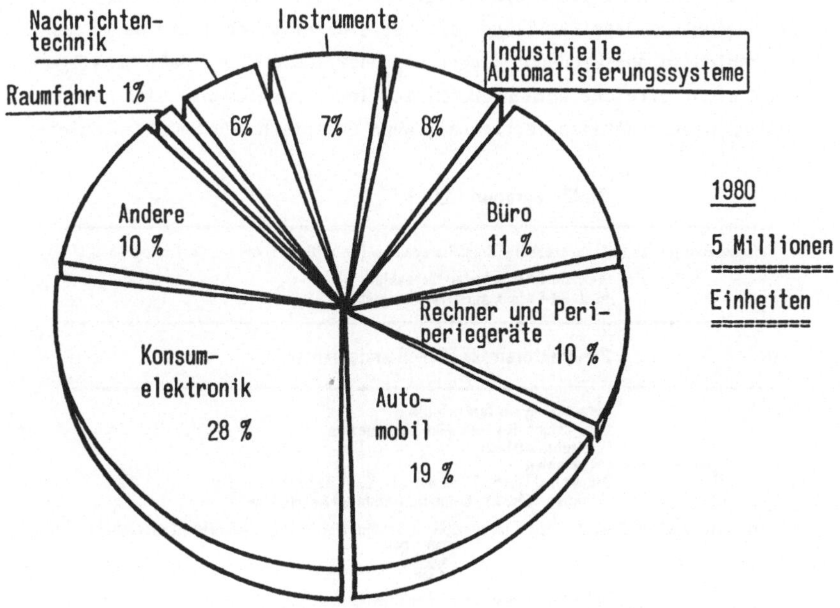

Bild 1: Aufteilung des Mikroprozessor-Marktes für Westeuropa (1980),
        Quelle: Mackintosh

2 Der Weg zum Mikroprozessor

Die großen Fortschritte auf dem Gebiet der Halbleitertechnik haben in
wenigen Jahren zur Großintegration (Large-scale integration, LSI) geführt. Im Vordergrund der Anwendung dieser Großintegration standen und
stehen auch heute noch die Speicherbauelemente. Sie stellen deshalb jeweils den aktuellen Technologiestand auch am besten dar. Die in Bild 2
gemachten Aussagen bezüglich der Schreib-Lesespeicher (random access
memory, RAM) sind insofern nicht mehr ganz aktuell, als die 16-Kbit-
Bauelemente heute schon in größeren Stückzahlen produziert werden und
es bereits Musterstückzahlen von 64-Kbit-Bauelementen gibt. Damit zeigt
sich auch die rasche Entwicklung innerhalb eines Jahres auf diesem Gebiet.

Der konsequente Schritt aus der Beherrschung der Technik beim Halblei-
terspeicher zum Bauelement Mikroprozessor wird deutlich, wenn man sich
die wesentlichen Preisfaktoren vergegenwärtigt. Dabei nehmen die Stückzahlen eine Schlüsselstelllung ein. Für spezielle Schaltkreise können
Stückzahlen in den Größenordnungen von über 100 000 pro Jahr im allgemeinen nicht erreicht werden. Hochintegrierte Bauelemente sind jedoch
nur dann wirtschaftlich vertretbar, wenn entsprechende Stückzahlen er-

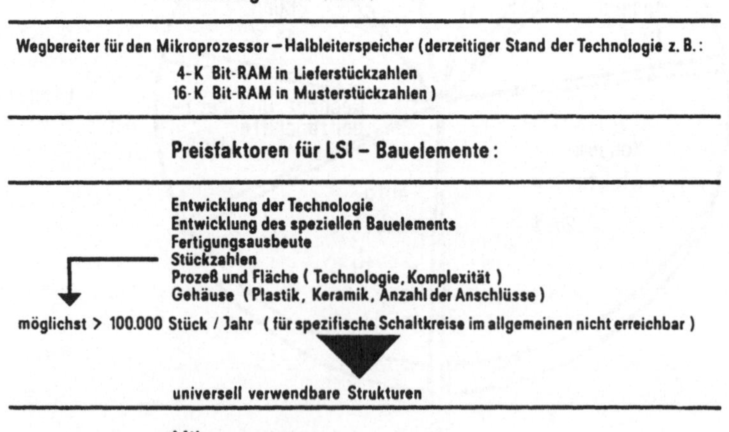

Bild 2: Großintegration - Mikroprozessor

zielt werden. Dies setzt im allgemeinen eine universell einsetzbare
Struktur voraus. Speicherprogrammierbare Prozessoren weisen solch eine
universelle Struktur auf. Sind sie hochintegriert, so werden sie wegen
ihrer Kleinheit Mikroprozessoren genannt. Anwendungsspezifische hochintegrierte Bauelemente sind aus wirtschaftlichen Gründen auf die Märk-
te beschränkt, die ausreichend hohe Stückzahlen mit sich bringen, wie
z. B. die Automobilindustrie.

In der industriellen Automatisierungstechnik werden für eine Anwendung
Stückzahlen dieser Größenordnung im allgemeinen nicht erreicht. Für
die industrielle Steuerungstechnik stehen somit auch keine speziell zugeschnittenen Mikroprozessoren zur Verfügung. Deshalb können die weiteren Betrachtungen auf allgemeine Typen beschränkt bleiben.

3 Stand der Technik und Entwicklungstendenzen bei Mikroprozessoren

Mikroprozessoren weisen die aus der Rechentechnik bekannten Strukturen
auf. Funktionell bieten sie nichts Neues. Die wesentliche Neuerung
liegt in der außerordentlichen Verkleinerung hinsichtlich Volumen, Ener-
gieaufnahme und Preis (Bild 3).

Prozessor :
Rechenwerk (RW)
Steuerwerk (STW)
Taktgenerator (TG)
Ein - Ausgabe - System (EAS)

Erweiterungen:
Zentralspeicher (Schreib - Lese,- Festwertspeicher)
Periphere Einheiten

Mikroprozessoren

-Technologie :	MOS	MOS	bipolar
-Komplexität :	"Single-Chip"	"Multi-Chip"	"Bit-Slice"
	RW STW TG EAS (ZSP)	STW RW / EAS / TG	STW / R W
	4,8,16 Bit	4,8,16 Bit (12 Bit)	2-,4-,Bit-Slice
-Preisklasse :	niedrig	mittel	hoch
-Anwendung :	Spiele (Autos)	Geräte, Systemkom- ponenten, Mikrocomp.	schnelle Steuerungen Minicomputer

Bild 3: Mikroprozessoren, Stand der Technik und Entwicklungstendenzen

Die Mikroprozessoren sind aus den grundlegenden Funktionselementen Rechenwerk, Steuerwerk und Ein-/Ausgabesystem aufgebaut. Die Verbindung zu Programm- und Datenspeicher sowie zu peripheren Einheiten erfolgt über entsprechende Daten-, Adreß- und Steuerleitungen.

Eine grobe Einteilung nach der verwendeten Integrationstechnik läßt zwei große Gruppen, nämlich die Unipolar- bzw. MOS- (metal-oxide semiconductor) und die Bipolar- bzw. TTL-Technik erkennen. Wesentliches Unterscheidungsmerkmal der beiden Techniken ist das reziproke Verhältnis von Integrationsdichte und Geschwindigkeit.

Die MOS-Technik bietet heute höchste Integrationsdichte bei noch mäßiger Geschwindigkeit. Mikroprozessoren dieser Technik können ferner noch nach dem Integrationsgrad in Single-Chip- und Multi-Chip-Mikroprozessoren unterteilt werden. Mikroprozessoren vom Typ Single-Chip enthalten im Idealfall alle notwendigen Funktionselemente eines Mikroprozessors in nur einem Bauelement. Diese Mikroprozessoren sind heute noch relativ einfach aufgebaut und auf Massenanwendungen zugeschnitten.

Bei den Multi-Chip-Mikroprozessoren sind die Funktionseinheiten eines Prozessores auf mehr als einem Bauelement realisiert. Als typischer Vertreter dieser Linie kann der weitverbreitete Mikroprozessor SAB 8080 angesehen werden. Die Integrationsdichte der Bipolar-Technik ist heute zum Teil doch noch erheblich geringer als bei der MOS-Technik. Auf einem Bauelement kann daher nur ein Teil eines Prozessors realisiert werden. Dieser Teil (slice = Scheibe) von 2 oder heute meist 4 bit paralleler Informationsverarbeitung ist prinzipiell zu beliebigen Wortlängen kaskadierbar. Ferner kann der Anwender durch Mikroprogrammierung eine für seine Aufgaben spezielle Struktur realisieren. Als weiterer Vorteil gegenüber der MOS-Technik ergibt sich die vergleichsweise höhere Geschwindigkeit. Ein typischer Vertreter dieser Linie ist die Serie 2900.

4 Funktionelle Eignung von Mikroprozessoren für Steuerungsaufgaben

Ausgangspunkt der Betrachtung der funktionellen Eignung von Mikroprozessoren für Steuerungsaufgaben ist die speicherprogrammierte Steuerung.
Diese kann entweder auf einem Prozessor für rein binäre oder für wortweise Verarbeitung aufgebaut sein. Prozessoren für rein binäre Verarbeitung eignen sich besonders für die grundlegenden Steuerungsaufgaben, während Prozessoren für wortweise Verarbeitung vor allem Vorteile
für komplexe Aufgaben bzw. für Komfortfunktionen bieten. Das macht sie
besonders für Steuerungen des gehobenen Funktionsumfanges geeignet.

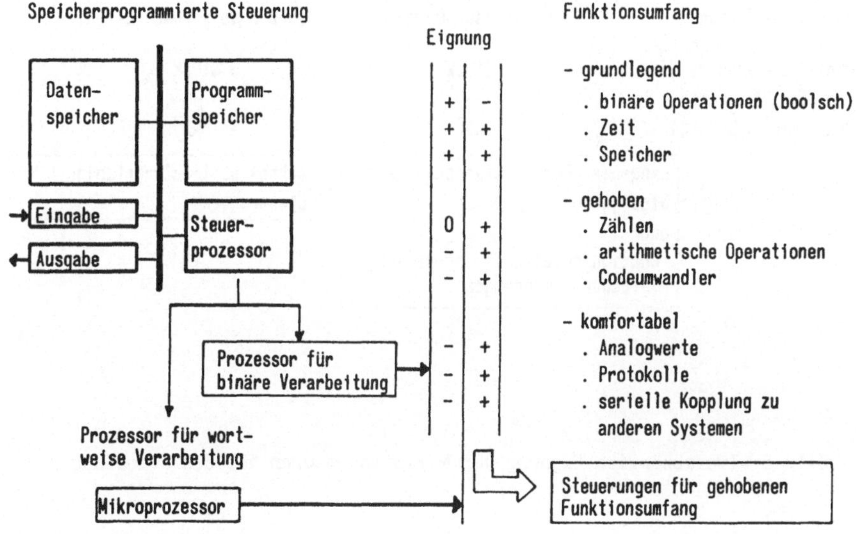

Bild 4: Funktionelle Eignung von Mikroprozessoren für Steueraufgaben

5 Typabhängige Eignung von Mikroprozessoren für Steuerungsaufgaben

Vergleicht man die zwei Grundtypen von Mikroprozessoren, nämlich MOS-
und bipolare Mikroprozessoren unter dem Aspekt des Einsatzes in der
Steuerungstechnik, so ergibt sich folgendes Bild:

Mikroprozessor	Typ	
	Multi-Chip/N-MOS	Bit-Slice/S-TTL
. Parallelverarbeitung	(4),8,16 Bit	beliebig im Raster von 2,4 Bit (Kaskadierbar)
. Befehle	fest vorgegeben	frei wählbar durch Mikroprogrammierung (Systemhersteller)
. Befehlsausführung	2-10 μs je nach Befehl	0,5-2,5 μs je nach Befehl
. Minimalaufwand ca (in FBG 100x160mm^2; Prozessor u.Bus-SS)	1 Stück	3 Stück

Langsame aber leistungsfähige Steuerungen oder Funktionserweiterung schneller, einfacher Steuerungen	schnelle, leistungsfähige Steuerungen

Bild 5: Typ-abhängige Eignung von Mikroprozessoren für den Steuerungsbau

Die aufwandsärmste Lösung bieten MOS-Mikroprozessoren. Allerdings weisen diese Mikroprozessoren eine vom Halbleiterhersteller vorgegebene
und vom Anwender nicht mehr veränderbare Struktur und Befehlsvorrat auf.
Durch die parallele Verarbeitung von 4, im allgemeinen jedoch 8 oder
auch 16 bit ergeben sich zum Teil lange Befehlsausführungszeiten für
die Einzel-Bit-Verarbeitung, so daß ein Einsatz für schnelle Steuerungen in Frage gestellt sein kann. Für langsame Steuerungsaufgaben (z. B.
Verfahrenstechnik) ist jedoch ein hoher Funktionsumfang gegeben. Bei

manchen Anwendungen kann auch eine Kombination mit einer schnellen, rein binären Steuerung sinnvoll sein.

Bipolare Mikroprozessoren werden erst durch den Anwender, durch das Mikroprogramm, auf die spezielle Steuerungsaufgabe zugeschnitten. Schnelle und funktionsreiche Steuerungen können damit anwendungsspezifisch entwickelt werden. Gegenüber den MOS-Mikroprozessoren ist jedoch damit ein um den Faktor 3 höherer Aufwand verbunden.

6 Vorteile bei der Verwendung von Mikroprozessoren für den Steuerungsbau

Der Einsatz von Mikroprozessoren bringt eine Verschiebung des Aufwandes von der Hardware zur Software bzw. Firmware (Firmware = hardwarenahe Software). Die Wirtschaftlichkeit soll nun unter den Gesichtspunkten Entwicklung und Fertigung untersucht werden.

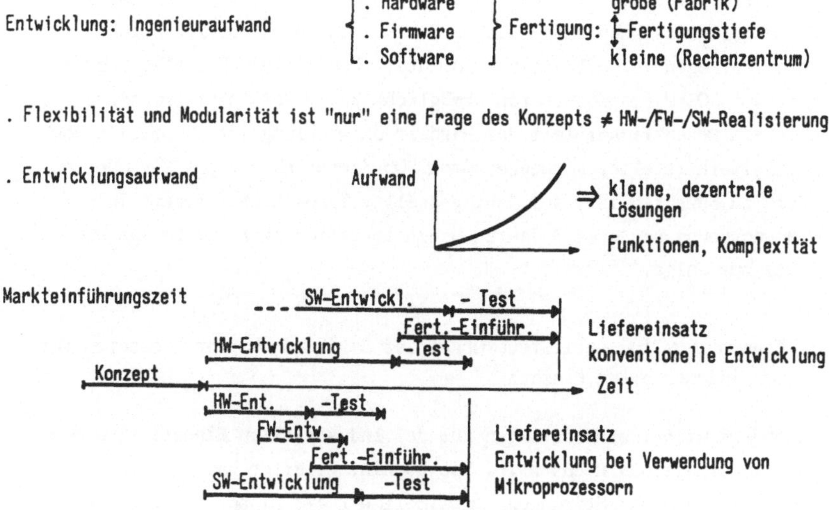

Bild 6: Diskussion der Vorzüge bei Verwendung von Mikroprozessoren

Der Ingenieuraufwand bei der Entwicklung ist für eine Steuerung auf
Basis eines Mikroprozessors etwa gleich dem Aufwand für eine ver-
bindungs- oder speicherprogrammierte Steuerung. In beiden Fällen sind
Ingenieuraufwendungen erforderlich, die im wesentlichen von der Pro-
blemdurchdringung bestimmt werden, weniger jedoch von der eigentlichen
Realisierung. Voraussetzung ist natürlich, daß hier eine entsprechende
Ausbildung bzw. Erfahrung vorliegt. Anders sieht jedoch die Fertigung
aus. Durch die Software ist eine sehr geringe Fertigungstiefe gegeben.

Keine Unterschiede dürften sich bezüglich Fehlerfreiheit und Wartung
bei gleichem Funktionsumfang ergeben.

Modularität ist im wesentlichen durch das Konzept bestimmt. Funktionen,
die nicht in der Konzeptphase mitberücksichtigt werden, sind unabhängig
davon, ob sie nun in Hard- oder Software zu realisieren sind, nachträg-
lich nur mit entsprechend großem Aufwand einzufügen.

Entwicklungsaufwand und auch die Fehleranfälligkeit steigen mit wach-
sender Komplexität der Problemstellung überproportional. Hier bietet
der Mikroprozessor Vorteile dadurch, daß mit ihm sehr preisgünstige
Grundkonfigurationen aufgebaut werden können und komplexe Aufgaben
durch Zerlegen in Teilaufgaben leichter lösbar sind. Vor allem der Einsatz von MOS-Mikroprozessoren ermöglicht kurze Markteinführungszeiten,
denn ein wesentlicher Teil der Hardwareentwicklung ist ja bereits vom
Halbleiterhersteller vorweggenommen. Ob dieser Aspekt positiv oder negativ zu bewerten ist, sei dahingestellt. Innovationsschritte in der
Größenordnung von etwa 3 Jahren haben letztlich sehr kurzlebige Produkte zur Folge.

7 Eignung von Industriesteuerungen auf Basis von Mikroprozessoren für
  den industriellen Einsatz

Besonders wichtige Forderungen für den industriellen Einsatz sind die
Störsicherheit und Robustheit. Die hochintegrierten Bauelemente sind
zum Teil gegenüber Störungen empfindlicher als bisher eingesetzte.
Das heißt, hier müssen vom Steuerungshersteller entsprechende Vorkehrun-
gen getroffen werden.

Der Einsatz von wenigen, hochintegrierten Bauelementen und die geringe

Typenvielfalt durch die universell anwendbare Hardwarestruktur   führen
zu einer wesentlich höheren Verfügbarkeit.

. Robustheit   } vom Steuerungs-Hersteller vorzusehen (Gehäuse, Aufbau)
. Störsicherheit

. Verfügbarkeit   wenige, hochintegrierte Bauelemente ⟶ niedrige Ausfallrate
                    geringe Typvielfalt ⟶ schnelle Fehlerbehebung (Austausch)

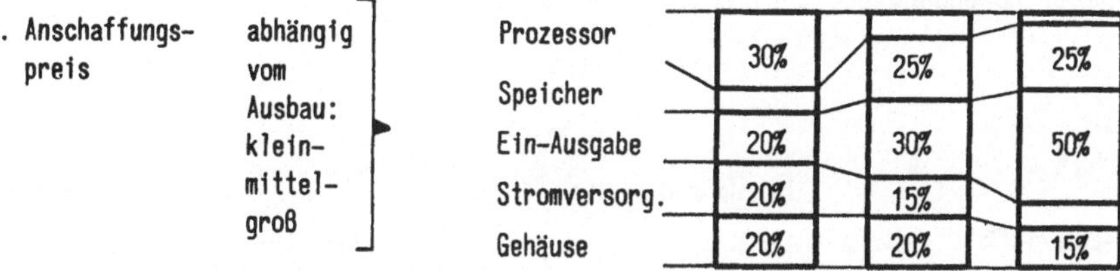

. Betriebskosten   siehe Verfügbarkeit (z.B. Lagerhaltung/Typvielfalt)

. Inbetriebnahme   } Anpassung an Aufgabe/Branche und Ausbildung
. Änderungen

Bild 7: Eignung von Steuerungen auf der Basis von Mikroprozessoren für in-
        dustriellen Einsatz

Betrachtet man den Anschaffungspreis einer Steuerung, so macht sich
der Einsatz von Mikroprozessoren am stärksten bei kleinen Automatisie-
rungsgraden bemerkbar. So macht der Mikroprozessor des Typs Multi-Chip
ca. 30 % des gesamten Hardwareaufwandes einer Steuerung bei Kleinst-
ausbau aus. Bei größeren Ausbauten geht der prozentuelle Anteil entsprechend zurück.

Zwei weitere wichtige Gesichtspunkte sind noch Inbetriebnahme und Wartung. Hier sind die Aufwendungen vor allem in der Software zu tragen,
denn die Funktionen und Sprachmittel des Mikroprozessors sind dem Anwender, vor allem aber dem Betriebspersonal, im allgemeinen nicht zumut-
bar. Gerade dies erfordert eine differenzierte Betrachtungsweise von

Steuerungen auf Basis von Mikroprozessoren. Dies soll nun beispielhaft anhand von realisierten Produkten der Siemens AG gezeigt werden.

8 Mikroprozessoren in Produkten für Steuerungen und Regelungen in der
   Industrie

Für diese überblicksartige Betrachtung wird eine Einteilung der Produkte nach Mikroprozessortyp (MOS, TTL) und nach Anwendungsgebiet (universell, branchenspezifisch) vorgenommen. Universeller Einsatz ist dabei etwa gleichzusetzen mit Einzellösung, während unter branchenspezifischer Anwendung Serienprodukte zu verstehen sind.

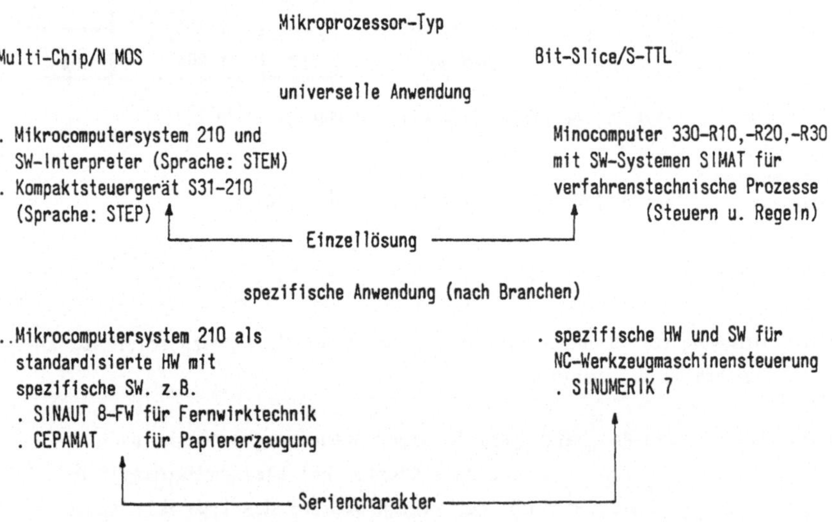

Bild 8: Mikroprozessoren in Produkten für Steuern (und Regeln) in der Industrie

Die Hardwarebasis für die MOS-Lösung bildet das Siemens Mikrocomputersystem 210, das auf den Mikroprozessoren SAB 8080/8085 aufbaut. Das Mikrocomputersystem 210 umfaßt Funktionseinheiten wie Zentralprozessor,

Speicher, digitale und analoge Ein-/Ausgaben in Form von Flachbaugruppen. Diese Flachbaugruppen können beliebig kombiniert werden. Damit ist ein einfacher Aufbau eines anwendungsspezifischen Systems möglich. So ist z. B. die Flachbaugruppe MC 210 D bereits ein vollständiger Rechner mit Programm- und Datenspeicher sowie einer seriellen Schnittstelle zum Anschluß von Geräten wie Drucker oder Datensichtgerät bzw. zur Kopplung zu weiteren Systemen. Ferner erlaubt die Systemschnittstelle eine einfache Erweiterung des Speichers und weiteren Anschluß von peripheren Einheiten.

Sehr wichtig für Einzellösungen ist vor allem die einfache Anpassung der universell einsetzbaren Hardware an die jeweilige Aufgabe, d. h. eine problemorientierte Sprache.

So gibt es für das System 210 neben den für den Mikroprozessor 8080/8085 angewendeten bekannten Programmiersprachen die Programmiersprachen STEM[R] und STEP[R], die besonders die Lösung von Steuerungsaufgaben erleichtern.

Das Steuergerät SIMATIK[R] S31-210 ist eine Kombination aus einem rein binären Prozessor für sehr schnelle Steuerungsaufgaben und dem System 210 für Komfortfunktionen. Die Programmierung kann mit Hilfe der einfachen Steuersprache STEP 3 erfolgen, wobei Funktionen des Systems 210 über Verständigungsbits aufgerufen werden. D. h. vorgefertigte Softwaremoduln sind vom Anwender nur mehr mit Parametern zu versorgen.

Ein Beispiel für den Einsatz von bipolaren Mikroprozessoren sind die Minicomputer R10 bis R30 der Siemens-Systeme 300. Neben höheren Programmiersprachen stehen hier vor allem für verfahrenstechnische Anwendungen die Software-Systeme SIMAT[R] zur Verfügung.

Branchenspezifische Systeme bilden eine auf der jeweiligen Anwendung zugeschnittene Einheit aus Hard- und Software. Dies ist wirtschaftlich jedoch nur dann vertretbar, wenn entsprechend große Stückzahlen gegeben sind. Je nach Funktionsumfang kann die untere Grenze bei 20, 50 oder über 1000 Stück liegen.

Beispiele dafür sind das Fernwirksystem SINAUT[R] 8-FW und das System CEPAMAT[R] MP 210 für Steuerung und Meßwerterfassung bei der Papiererzeugung. Diese Systeme enthalten neben dem Mikrocomputer 210 noch anwendungsspezifische Hardware-Moduln und eine speziell auf die Anwendung zugeschnittene Software.

Ein wirtschaftlicher Einsatz von bipolaren Mikroprozessoren für branchenspezifische Steuerungsaufgaben ist i. a. nur bei sehr großen Stückzahlen gegeben. Denn dabei spielt nicht nur der größere Hardware-Entwicklungsaufwand, sondern vor allem die Programmerstellung aufgrund des speziell für die jeweilige Anwendung zugeschnittenen Befehlssatzes eine wesentliche Rolle.

Entsprechende Stückzahlen sind z. B. bei numerisch gesteuerten Werkzeugmaschinen gegeben, die durch die hohen Geschwindigkeitsanforderungen heute z. T. nur auf Basis von bipolaren Mikroprozessoren realisiert werden können. Ein Beispiel dafür ist die NC-Werkzeugmaschinensteuerung SINUMERIK^{R}-System 7.

9 Zusammenfassung

Die Verwendung von Mikroprozessoren in der Steuerungstechnik wird im wesentlichen durch die Hard- und Software-Aufwendungen bestimmt, die eng mit dem verwendeten Mikroprozessortyp und damit auch mit der Leistungsfähigkeit verknüpft sind.

Für sehr schnelle und/oder sehr einfache Steuerungen wird heute z. T. noch auf den Mikroprozessor-Einsatz verzichtet. Der Einsatz von Mikroprozessoren bringt vor allem dort Vorteile, wo neben reinen Steuerungsaufgaben auch Komfortfunktionen gewünscht werden, oder wo Entwicklungen auf der Basis von bipolaren Mikroprozessoren aufgrund hoher Stückzahlen wirtschaftlich vertretbar sind.

Entscheidend für den Einsatz von Steuerungen mit Mikroprozessoren kann auch die einfache Handhabung, sprich "Programmierung oder Parametrierung", sein.

DER EINSATZ VON MIKROPROZESSOREN IN DER FERNWIRKTECHNIK

Dipl.-Ing. Wolfgang Steiger
Siemens AG Österreich

1 Einleitung

Fernwirkgeräte waren ursprünglich nur für die bloße Übertragung von Informationen zwischen Unterstation und Zentrale gedacht. Die Funktion beschränkte sich im wesentlichen auf die Abfrage der Peripherie, auf Parallel-Serien-Umsetzung in der sendenden Station, Serien-Parallel-Umsetzung in der empfangenden Station und Ausgabe.

Im Laufe der Zeit wurde die Anzahl der Daten größer und man mußte die Daten entsprechend ihrer Wichtigkeit in Gruppen teilen. Gefahrenmeldungen beispielsweise wurden spontan, d. h. nur bei Änderung, weniger wichtige Meldungen zyklisch übertragen. Auch die Meßwerte konnten in mehreren Kategorien verschiedenen Prioritäten zugeordnet werden. Zur Sicherung gegen Störungen wurden in die Telegramme Paritätsbits eingefügt; Adressen und zum Teil auch Daten wurden mittels spezieller Codes mit redundanten Bits versehen. Alle diese Aufgaben wurden hardwaremäßig gelöst und erforderten daher entsprechenden Aufwand.

Die Erfüllung weiterer Forderungen wie Echtzeiterfassung von Meldungen, Verarbeitung von Zählimpulsen, Vorverarbeitung von Meßwerten und andere Aufgaben mit reinen Hardware-Geräten war aber nicht mehr sinnvoll.

Hier gibt es nun zwei Möglichkeiten. Entweder setzt man zusätzlich einen Prozeßrechner ein, welcher über eine parallele oder serielle Nahtstelle mit dem Fernwirkgerät bzw. mit dessen Peripherie gekoppelt ist: gewisse Funktionen werden dabei von der Hardware in die Software des Rechners verlagert. Oder man erhöht die Intelligenz des Fernwirkgerätes durch Einsatz eines oder mehrerer Mikroprozessoren, wobei man hier schrittweise vorgehen kann: nach und nach werden Aufgaben, die bisher die Hardware löste, von der Software übernommen. Hiebei muß immer die Frage im Vordergrund stehen, welche Lösung kostengünstiger ist. Im folgenden ist ein modulares Fernwirksystem beschrieben, in dem der Großteil der Aufgaben softwaremäßig gelöst werden kann.

2 Datenerfassung und - verarbeitung in der Unterstation

Bild 1 zeigt das Blockschaltbild des Gerätes für die Melderichtung in
der Unterstation. Es besteht aus drei Mikrorechnerrahmen, die mit UFR,
MWR und MLR bezeichnet sind.

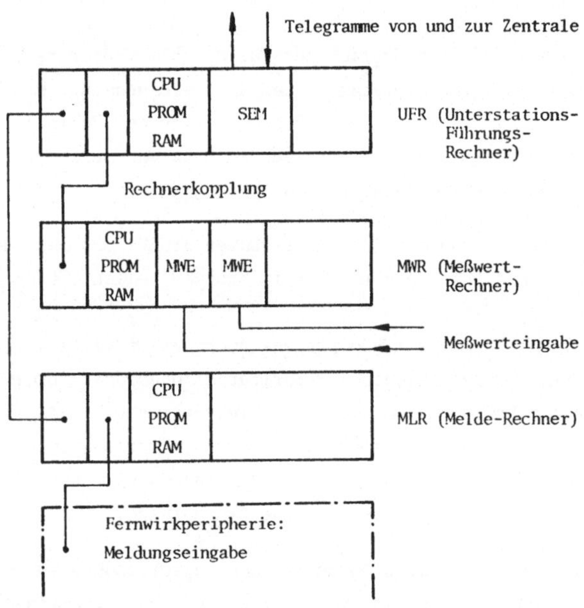

Bild 1: Unterstation

In allen Rahmen sind die üblichen Mikrorechnerbaugruppen vorhanden:
CPU, PROM, RAM. Dazu kommen aufgabenspezifische Karten, wie z. B. die
MWE-Baugruppe (siehe später). Alle Baugruppen haben die gleiche Bus-
streckenbelegung, sind daher universell einsetzbar.

Welche Gründe sprechen für eine Aufteilung der Aufgabe auf drei Rechner?

Erstens sollte das System sowohl in der Hardware als auch in der Software modular sein, wobei den Moduln bestimmte Aufgaben z. B. Meldungs-
verarbeitung, Meßwertverarbeitung, usw. zugeordnet sind. Der zweite

Grund ist ein zwingender: bei größeren Datenmengen ist ein einziger Rechner nicht mehr in der Lage, die Daten in der gewünschten Zeit zu verarbeiten.

Der Melderechner (MLR) erfaßt und verarbeitet Meldungen und Zählimpulse, welche über die Eingabeperipherie, die noch mit der Peripherie des ehemaligen Hardware-Fernwirkgerätes aus Kompatibilitätsgründen identisch ist, eingegeben werden. Zu den Aufgaben des MLR zählen: Alt-neu-Vergleich der Meldungen, bei Änderung die Bildung von Spontan- und Echtzeittelegrammen, Bildung eines unterlagerten Telegrammzyklus (d. h. Meldungen werden innerhalb längerer Zeitspannen auch dann übertragen, wenn sie sich nicht geändert haben), Summieren von Zählimpulsen zu Zählerständen unter Berücksichtigung von Vorzeichen und Wertigkeit.

Der Meßwertrechner MWR verarbeitet die Meßwerte, welche in Form analoger Ströme in die Meßwerteingabekarten (MWE) eingespeist werden. Folgende Verarbeitungen sind vorgesehen:

- Mittelung: Jeder Meßwert wird zweimal verschlüsselt und aus den beiden Messungen das arithmetische Mittel gebildet.

- Glättung: MWneu = MWalt + (MWneu - MWalt)/G. Diese Formel wird z. B. für die stark schwankenden Bahnpunktströme verwendet. G ist für jeden Meßwert individuell wählbar.

- Spontane Meßwertübertragung: Der Meßwert wird nur übertragen, wenn er sich gegenüber dem zuletzt übertragenen um mehr als eine - für jeden Meßwert wieder individuell - vorgebbare Schwelle verändert hat. (Wird auch Schwellenwertübertragung genannt.)

- Grenzwertüberwachung: Für jeden Meßwert kann eine obere und untere Grenze mit den dazugehörigen Hysteresen angegeben werden. Im Falle von Grenzüber- und -unterschreitungen werden vom Meßwertrechner Meldetelegramme gebildet.

- Meßwertanwahl: Mit Hilfe von Befehlstelegrammen, welche der MWR vom UFR (siehe später) erhält, können Meßwerte, die normalerweise nicht übertragen werden, angewählt und einem bestimmten "Kanal" zugeordnet werden. Die zugehörige Meldung über die erfolgreiche Anwahl wird ebenfalls in einem Meldetelegramm übertragen.

Jeder Meßwert kann schließlich verschiedenen Prioritäten zugeordnet werden:

- Stellmeßwerte: werden mittels Befehls (wieder Befehlstelegramm über UFR) aktiviert und während des Stellbefehls mit hoher Priorität übertragen.

- Vorzugsmeßwerte: werden nach einer bestimmten Telegrammanzahl immer wieder eingeblendet. Kurzzyklus- und Langzyklusmeßwerte schließlich sind die zwei niedrigsten Prioritäten.

Der Unterstations-Führungsrechner (UFR), an den MLR und MWR angekoppelt sind, hat im wesentlichen drei Aufgaben zu erfüllen:

1) Koordinierung und Überprüfung der Programmabläufe der "Unterprozessoren".

2) Überwachung der Melde- und Meßwerttelegramme von MLR und MWR und Absenden der Telegramme entsprechend ihrer Priorität über die SEM-Baugruppe.

3) Empfang von Befehlstelegrammen und Weitergabe derselben an MLR und MWR.

Zwei Baugruppen bedürfen noch einer näheren Erläuterung: Bei der Koppelung zwischen den Rechnern handelt es sich um eine Parallelkoppelung, welche einen DMA-Verkehr erlaubt, d. h. der UFR kann beispielsweise direkt aus dem Speicher des MWRs Telegramme, die dort für ihn bereitgestellt werden, abholen.

Die zweite Baugruppe ist die kombinierte Sender-Empfänger-Baugruppe (SEM). Sie enthält einen eigenen Mikrorechner, welcher sich nur mit der eigentlichen Telegrammbildung und Telegrammabsendung und - umgekehrt - mit dem Telegrammempfang beschäftigt (also Parallel-Serien- und Serien-Parallelumsetzung, Telegrammprüfung und dgl.). Die SEM ist wieder ein Beispiel dafür, wie man zeitaufwendige Aufgaben vom Hauptträger in einen vorgelagerten Unterrechner verlegt, um den Hauptrechner zu entlasten.

3 Einsatz von Mikrorechnern in Zentralen und Datenknoten

Eine weitere Möglichkeit für den Einsatz von Mikrorechnern besteht in
Fernwirkzentralen bzw. in Datenknotenpunkten, also jenen Stellen, wo
die von den Unterstationen gesendeten Telegramme empfangen und die da-
rin enthaltenen Informationen weiterverarbeitet werden.

Die Aufgaben sind vielfältig: Telegrammempfang, Alt-neu-Vergleich, Aus-
sortieren bzw. Rangieren einzelner Meldungen oder Meldegruppen (der
Rechner übernimmt praktisch die Funktion eines Rangierverteilers),
Verknüpfung von Meldungen (z. B. Summenmeldungen). Speziell in Datenknoten, welche ihrerseits eine Unterstation gegenüber einer übergeord-
neten Zentrale darstellen, werden aus einem Teil der Meldungen wieder
Telegramme zusammengestellt, die dann zur Zentrale gesendet werden.
Der Knoten wirkt dabei als Datenfilter: es werden nur wichtige Meldungen an die Zentrale weitergegeben.

Bild 2 zeigt einen Datenknoten, an den eine Reihe von Unterstationen
angeschlossen sind. Die beiden Eingaberechner (KER) empfangen über
SEM-Baugruppen die Telegramme, machen einen Alt-neu-Vergleich und ge-
ben im Falle einer Änderung die Telegramme über eine genormte Schnittstelle an den Führungsrechner (KFR) weiter. Dieser sortiert bestimmte
Meldungen aus und stellt sie zu Telegrammen für die Zentrale zusammen.
Auf ähnliche Weise erfolgt die Verarbeitung von Meßwerten und Zählerständen.

Zu betonen ist, daß über die SEM unterschiedliche Telegrammstrukturen
- natürlich auch solche von Fremdfabrikaten - eingegeben werden können,
womit das System kompatibel mit allen gängigen Fernwirksystemen wird
(Bild 2, siehe nächste Seite).

Ein weiteres Beispiel eines modularen Mikrorechners zeigt Bild 3. Mit
Hilfe des Meldebildrechners können Daten an Mosaiktafeln, Anzeigefelder,
Meßwertanzeigen und ähnliche Ausgabemedien ausgegeben werden.

4 Bemerkungen zur Software

Die Programme können in vier Kategorien eingeteilt werden:

- Bediensoftware: sie ist in jedem Rechner vorhanden. Sie dient zur Pro-

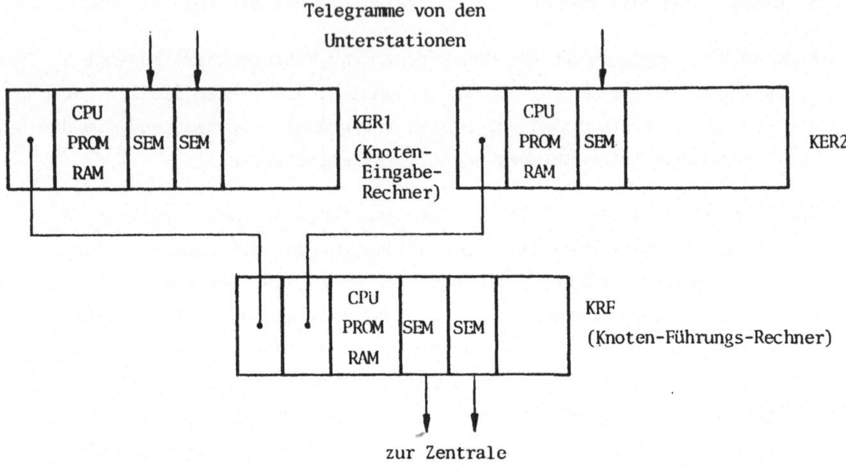

Bild 2: Datenknoten

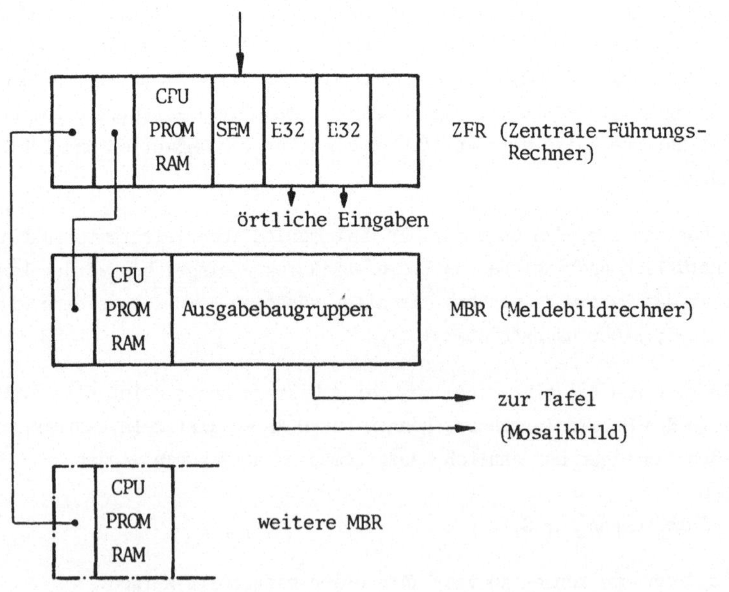

Bild 3: Ansteuerung eines Meldebildes

grammstellung und zum Programmtest (Bedienung über Tastatur und Testfeld).

- Organisationssoftware: das sind bestimmte Programmteile, die immer wieder benötigt werden, z. B. Verkehr mit der Peripherie (Ein- und Ausgabe,
SEM, Druckeransteuerung, Zeitgeber).

- Standardsoftware: das sind jene modularen Programmpakete wie z. B. Meßwerterfassung, Meldungserfassung, Grenzwertüberwachung, Meldebildausga-
be usw., welche je nach Einsatz des oder der Rechner zusammengestellt,
die eigentliche Anwendersoftware darstellen.

- Schließlich können noch Zusatzprogramme für bestimmte Anwendungen -
sozusagen in Einzelfertigungen - vorgesehen werden.

5 Programmier- und Testhilfen

Da es in der Fernwirkzentrale meist darum geht, größere Datenmengen
aus einer Peripherie zu verarbeiten, bzw. an eine Peripherie bereit-
zustellen, ist es vorteilhaft für die Prüfung, entsprechende Testhilfen - vor allem auf der Anlage - zur Verfügung zu haben.

Bild 4 zeigt das Eingabe- und Testfeld (ETF). Über Ziffernwahlschal-
ter (O-F) können Daten eingegeben werden, an Ziffernanzeigen (16-Seg-
ment) können Speicherinhalte kontrolliert und mittels zusätzlicher
Tasten verändert werden (Kontrolle beliebiger Speicherzellen, Kontrolle und Eingabe von Uhrzeit, Voreinstellen von Zählerständen, Zahlenwer-
ten, Setzen und Löschen von Merkzellen für Tests u. a. m.).

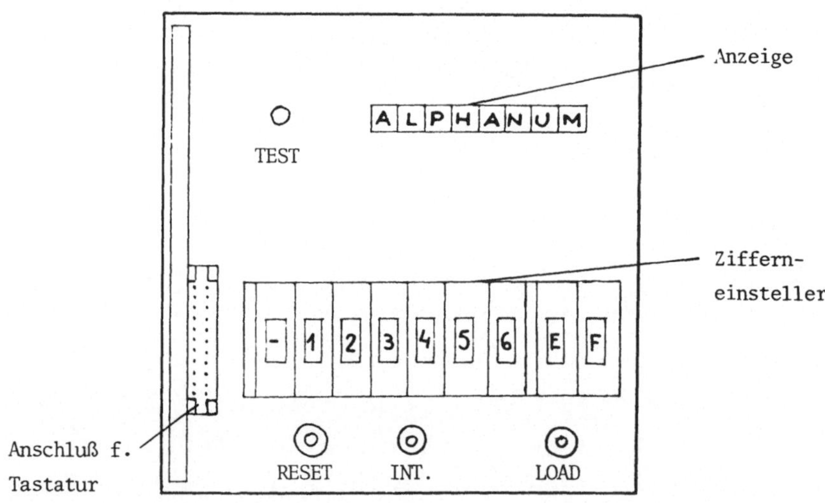

Bild 4: Eingabe- und Testfeld

An das ETF kann eine Tastatur angeschlossen werden, welche es gestattet,
größere Programmteile einzugeben. Zusatzfunktionen auf der Tastatur
ermöglichen das Ausschreiben und Einlesen von Programmen mittels Drucker,
Bandstation u. a., ferner das Verschieben von Programmen in andere
Adreßbereiche mit automatischer Korrektur der Sprung- bzw. Aufrufadres-
sen.

Vor allem ist es möglich, mit einer weiteren zusätzlichen Baugruppe
- dem Programmierzusatz - EPROMs direkt im Gerät zu programmieren. So
können beispielsweise auf der Anlage Parameter in den anlagenspezifi-
schen Listen wie Meldenummern, Grenzwerte und dgl. leicht geändert
werden.

Trotz der Einfachheit und Kleinheit stellen die Testhilfen im Zusam-
menwirken mit der Bediensoftware eine große Hilfe für Inbetriebnahme
und Wartung der Fernwirkanlagen dar.

MIKROELEKTRONIK ALS MITTEL DER AUTOMATISIERUNGSTECHNIK IN VERFAHRENS-TECHNISCHEN ANLAGEN

Dipl.-Ing. Dr.-Ing. Ernst Pavlik,
Siemens AG Karlsruhe,
Unternehmensbereich Energie,
Systemtechnische Entwicklung

1 Zusammenfassung

Die moderne Prozeßautomatisierungs- und Fernwirktechnik zur Steuerung, Regelung und Überwachung von Raffinerien und Pipelines wird zunehmend durch den Einsatz von Mikroprozessoren geprägt. Damit verbunden ist der Trend zum dezentralen Automatisierungssystem, das übersichtlich, flexibel und an die spezifischen Eigenschaften des Menschen gut angepaßt ist. Substationen mit Mikrorechnern und übergeordnete Leiteinrichtungen mit Prozeßrechnern und Sichtgeräten bieten Möglichkeiten, die steigenden Anforderungen hinsichtlich Wirtschaftlichkeit, Sicherheit, Verfügbarkeit und Verarbeitungstiefe zu erfüllen. Bei der Betriebsführung beispielsweise von Öl- und Gasnetzen können Fernwirksysteme mit Mikroprozessoren höherwertige Verarbeitungsfunktionen und größere Datenmengen wirtschaftlich bewältigen.

2 Prozeßautomatisierung in der Raffinerie, ein Rückblick

Blickt man zurück in die früheren Jahrzehnte unseres Jahrhunderts, so findet man das Bild des Bedienungsmannes, der unmittelbar vor der Produktionsapparatur steht. Er bekommt seine Information über den Prozeß durch örtliche, meist mit dem Produkt unmittelbar in Berührung stehende Meßgeräte und greift über mechanisch wirkende Stellgeräte in den Prozeß ein.

Die Neuentwicklungen dieser frühen Epoche brachten Registriergeräte in Form örtlich montierter mechanischer oder elektromechanischer Schreiber, und Fernbedienung mittels pneumatisch betätigter Stellantriebe. Dann kamen meist mechanisch wirkende Regler vor Ort und neue Meßverfahren, insbesondere im Bereich der für die chemische Verfahrenstechnik bedeutsamen Analysentechnik.

Diese Entwicklung führte zu einer objektiveren Darstellung des Prozeßgeschehens, zu Bedienungserleichterungen und zu ersten Ansätzen einer
räumlich zentralisierten Prozeßführung von einzelnen, über die Anlage
verteilten Meßtafeln und Leitständen.

Ein revolutionierender Entwicklungssprung erfolgte etwa um 1950 durch
die Einführung des Meßumformers und des Einheitssignals für die Erfassung und Übertragung der Meß-, Steuer- und Regelsignale.

Das Prinzip des Meßumformers mit der Abbildung des Prozeßgeschehens
in einem vom Prozeßmedium vollständig abgetrennten Signalbereich er-
möglichte die vom Prozeß losgelöste und damit gegenüber früher fast
unbegrenzte Weiterverarbeitung der Prozeßsignale. Die Grundstruktur
des zu dieser Zeit realisierten Automatisierungskonzeptes war die
räumlich zentrale, durch Regler weitgehend automatisierte, aber - wie
früher - funktionell dezentrale Prozeßführung, denn jeder Regelkreis
hatte sein eigenes Regelgerät.

Dieses Automatisierungskonzept brachte folgende Vorteile:

- Die räumliche Zusammenfassung der signalverarbeitenden Geräte in
  großen Meßwarten und die forcierte Verwendung automatisch arbeiten-
  der Regler brachte erhebliche Personaleinsparungen, die in einer
  Zeit des allgemeinen Wirtschaftsaufschwunges nicht nur gesellschafts-
  politisch problemlos, sondern sogar erwünscht waren.

- Der Einsatz von Regelgeräten gestattete die gleichmäßigere und ge-
  nauere Einhaltung der Prozeßbedingungen und führte damit zur Erhöhung der Produktqualität.

- Die funktional dezentrale Prozeßführung durch parallel arbeitende
  Einzelgeräte gewährleistete die gewohnte Verfügbarkeit der Gesamt-
  anlage.

Die Umstellung auf das neue, im Bereich der Raffinerie vorwiegend
pneumatische Einheitssystem aus Meßumformern und signalverarbeitenden
Geräten wie Anzeiger, Schreiber und Regler erfolgte innerhalb eines
Jahrzehnts und vollzog sich damit relativ schnell.

Die folgenden Entwicklungen in den 60er Jahren brachten neben Ver-

feinerungen der vorhandenen Automatisierungsgeräte in Richtung redu-
zierten Platzbedarfes und besserer und leichterer Handhabung als wesentliche Neuerung den digitalen Prozeßrechner. Die erste Prozeß-
rechnerinstallation erfolgte 1959 bei der Texas Oil Company.

Die ersten Prozeßrechner waren sehr teuer. Aus Gründen der wirtschaftlichen Rechtfertigung wurde deshalb die zentrale Signalverarbeitung
im Rechner für die Automatisierungsfunktionen so hoch wie möglich
getrieben. Eine reduzierte Verfügbarkeit im Vergleich zur dezentral
strukturierten konventionellen Technik war die Folge. Die deshalb
erforderliche Beistellung analoger oder digitaler Redundanz ging aber
wieder auf Kosten der Wirtschaftlichkeit. Der Einsatz des Prozeßrech-
ners blieb deshalb für die direkte digitale Regelung auf Sonderfälle
begrenzt. Begrenzt blieben damit auch die Anwendungen von Prozeßrechnern für die inzwischen weit entwickelten modernen Regelungstheo-
rien. Es entwickelte sich in dieser Zeit der bis heute so viel beklag-
te Abstand zwischen Theorie und Praxis /1/.

In den 70er Jahren fand der Prozeßrechner sein festes Anwendungsfeld
in erster Linie im Bereich der Meßwertverarbeitung wie Prozeßüber-
wachung, Meldung und Protokollierung von Grenzwertüberschreitungen,
Informationsverdichtung, Kenngrößenberechnung, Erstellung von Stoff-
und Energiebilanzen, Dokumentation der Prozeßführung. Die Übernahme
von Automatisierungsfunktionen mit direktem Rechnereingriff in den
laufenden Prozeß, insbesondere die direkte digitale Regelung, blieb
aber wie zuvor in Grenzen.

Global gesehen brachte der zentrale Prozeßrechner keine wesentliche
Ablösung der konventionellen Meß- und Regelungstechnik. Er brachte
aber eine sehr wertvolle neue Funktionen realisierende und den Be-
dienungskomfort steigernde Ergänzung und führte somit zu einer gra-
duellen Verbesserung der Prozeßautomatisierung, ohne die bewährte kon-
ventionelle Automatisierungsstruktur grundlegend zu ändern.

3 Die Situation heute

Seit einigen Jahren beginnt sich die Situation in der Prozeßverfahrens-
technik und besonders auch für Raffinerien und Pipelines wesentlich
zu ändern.

Die neue Situation wird dadurch charakterisiert, daß neue und erhöhte Anforderungen an die Automatisierungstechnik gestellt werden (2). Sie betreffen:

- die Emissions- und Immissionsauflagen im Rahmen des Umweltschutzes;

- die Sicherheitsauflagen bezüglich zufälliger und beabsichtigter Störungen (Sabotage) mit möglicher Schadensfolge für Menschen und Anlagen;

- die wirtschaftlichere, sparsamere Nutzung von Gebrauchsenergie und Rohstoffressourcen;

- die Konkurrenzfähigkeit der Anlagen;

- die Anpaßbarkeit der Produktion an schnell wechselnde Marktsituationen;

- die Humanisierung des Arbeitsplatzes, auch in den Prozeßwarten.

Die moderne Prozeßautomatisierung muß sich diesen Forderungen stellen. Die daraus entstandenen Entwicklungstendenzen werden im wesentlichen durch die folgenden Punkte markiert:

- Reduzierung der Montage-, Kabel-, Inbetriebnahme- und Wartungskosten;

- flexible Anpaßbarkeit auf kleine, mittlere und große Anlagen;

- optimale Fahrweise der Teilprozesse und des Gesamtprozesses;

- Lösbarkeit auch ungewöhnlicher Automatisierungsaufgaben, z. B. durch Anwendung moderner Regelalgorithmen (3);

- leichte Änderbarkeit der Fahrweise, z. B. zur Anpassung an schwankende Rohölqualitäten und Forderungen an die Endprodukte;

- wesentlich verbesserte Anthropotechnik zur Beobachtung und Führung des Verfahrensprozesses;

- erhöhte Sicherheit und Verfügbarkeit.

4 Möglichkeiten der Mikroelektronik

Die oben genannten Forderungen an die Prozeßleittechnik und die Prozeßautomatisierung können allein mit den konventionellen Regel- und Überwachungssystemen und zentralen Groß-Prozeßrechnern nicht mehr vollständig erfüllt werden (2).

Gerade in diesem Zeitpunkt ist die Mikroelektronik so weit fortgeschrit-
ten, daß die anstehenden Probleme gelöst werden können (4). Zu jedem
der aufgeführten Forderungspunkte ermöglicht die moderne Mikroelektronik, vor allem mit dem Mikroprozessor und den hochintegrierten Speicher-
bausteinen, Lösungen der Probleme.

Einige Anwendungsschwerpunkte haben Mikroprozessor und Mikrocomputer
bereits gefunden. Im Vordergrund steht die Anwendung für spezielle Lösungen von häufig rechenintensiven Einzelaufgaben, die von der analogen
Technik bisher nicht oder nur mit hohem Aufwand zu realisieren sind.
Beispiele hiefür sind die Ausrüstungen von einzelnen Meßgeräten mit
Mikroprozessoren wie Labormeßeinrichtungen, Waagen, Analysengeräten
oder generell Geräte zur Qualitätskontrolle. Weitere Anwendungsfälle
ergeben sich bei der Abtrennung von Teilaufgaben aus einer bisher nur
mit größeren Prozeßrechnern wahrgenommenen umfangreichen Meßwertverarbeitung wie Überwachung auf Grenzwertüberschreitung, Bilanzierung
oder "Post-mortem-Kontrolle", d. h. Protokollierung korrelierender
Meßwerte im Störfall. Auch die Realisierung unkonventioneller, mit
der modernen Regelungstheorie entworfener Mehrgrößenregelungen fällt
in diesen Bereich.

Mit Mikroelektronik unterstützte Sichtgeräte und Bussysteme zur seriellen Informationsübertragung bieten Möglichkeiten, die den bisher ge-
wohnten Methoden und Verfahren wesentlich überlegen sein können. Es
kommt aber sehr darauf an, diese äußerst vielfältigen Möglichkeiten
kosten- und funktionsoptimal für die gestellten Aufgaben und Forderungen zu nutzen.

An dieser Stelle muß klar herausgestellt werden, daß die prinzipiellen
Möglichkeiten der Mikroelektronik zwar unbegrenzt zu sein scheinen,
sieht man nur auf die enorme Innovationsgeschwindigkeit, die Zahl der
Gatter pro Chips oder die fallenden Preise für die Hardware. Tatsäch-
lich sind die Möglichkeiten natürlich begrenzt. Insbesondere bietet
sich meistens keine Totalalternative zur konventionellen Technik an.
Vielmehr ist es so, daß nur die jeweils optimale Kombination von konventioneller Technik und moderner Mikroelektronik zu wirklich guten
Problemlösungen führen kann.

Die Situation ist ganz ähnlich wie vor etwa 15 Jahren mit der Frage:
Elektronik oder Pneumatik für die Raffinerie-Automatisierung? Auch hier
war nie eine echte Alternative gegeben, sondern nur eine sinnvolle
Kombination die richtige Lösung. Dies hat das Prozeßregelsystem TELE-
PERM-TELEPNEU und Siemens schon seit vielen Jahren konsequent berücksichtigt mit seinem freizügig kombinierbaren elektrischen und pneu-
matischen Komponenten.

5 Automatisierung bei Raffinierien und Pipelines mit Mikroelektronik

Seit einigen Jahren gewinnt die dezentrale Prozeßautomatisierung mit
Mikrorechnern, Datenbus und Sichtgeräten zunehmend an Bedeutung (Bild
1). Diese dezentrale Automatisierung ist für die komplexen Verfahrens-
prozesse der Raffinerie vielversprechend, weil mit ihr ein analogorien-
tierter Kompromiß zwischen der konventionellen, 100prozentigen Paral-
leltechnik und der zentralen Prozeßrechnertechnik erreicht werden kann.
Man erwartet von dieser Struktur neben der Anwendung modernster, vorwiegend digitaler serieller Technologien insbesondere eine Erhöhung
der Verfügbarkeit und Sicherheit und eine Senkung des Aufwandes für
die Projektierung, Montage, Verkabelung und eine wesentlich verbesserte Beobachtbarkeit und Steuerbarkeit der Anlagen.

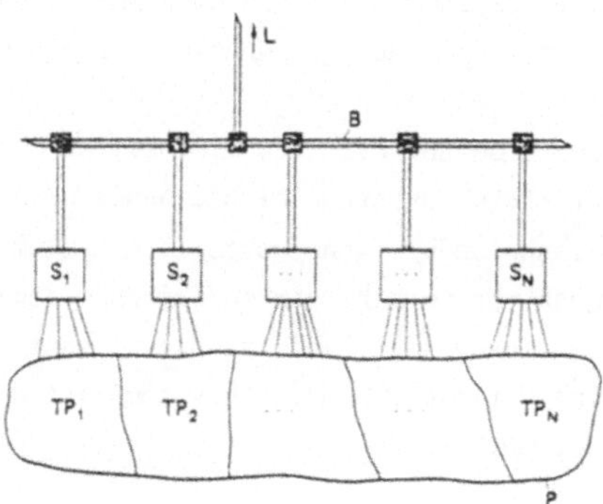

Bild 1: Dezentrale Prozeßautomatisierung.

      L ..... Leitsystem,   TP .... Teilprozeß,

      B ..... Datenbus,   P ..... Gesamtprozeß

      S ..... Substation,

Merkmal des dezentralen Automatisierungssystems ist die Automatisierung
der verfahrenstechnischen Teilprozesse mit mikrorechnergestützten Subsystemen. Die Subsysteme werden miteinander und mit einem übergeordne-
ten Leitsystem (Bild 2) durch Datenbusse verbunden. Die Subsysteme
sollten aus Gründen der Übersichtlichkeit und Sicherheit so ausgelegt
sein, daß mit ihnen· der Teilprozeß möglichst vollständig auch dann be-
herrscht werden kann, wenn die Datenverbindungen zu den Nachbarstatio-
nen oder zum Leitsystem gelöst sind. Dazu gehört ein gewisses Mindest-
potential an Verarbeitungskapazität, Programmausbau und Redundanz besonders wichtiger Funktionen (3).

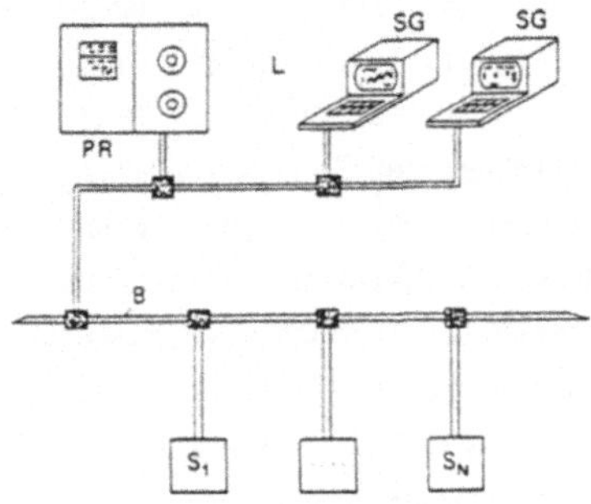

Bild 2: Zentrales Leitsystem L mit Prozeßrechner PR und interaktiven
       Sichtgeräten SG zur übergeordneten Führung des Gesamtprozesses

Diese grundlegende Forderung erfüllen die meisten der heute vorhandenen
verteilten Automatisierungssysteme nicht. Wenig sinnvoll und zukunfts-
weisend scheinen insbesondere jene verteilten Systeme zu sein, bei denen die Substationen von vorneherein auf einen weitgehend fixierten
Verarbeitungsumfang festgelegt sind, z. B. auf acht, zehn oder 12 Regelkreise (2). Eine Optimierung der Subsysteme ist damit von vorneherein schwierig oder unmöglich.

Das neue Automatisierungssystem von Siemens TELEPERM M (M steht für
Mikroprozessor bzw. Mikroelektronik) ist deshalb so konzipiert, daß
durch Subsysteme verschiedener Leistungsklassen, die auch im Grad
ihres Aufbaues sehr flexibel sind, eine jeweils optimale Anpassung an
Prozesse verschiedenster Größe und Komplexität möglich ist.

TELEPERM M (Bild 3) entstand im Dialog mit Anwendern verschiedener
Branchen, insbesondere auch der Erdölraffinerie, um das Risiko für
den Anwender weitestgehend auszuschalten. Es gibt bei TELEPERM M Subsysteme, bzw. Systemkomponenten mit Automatisierungsfunktionen zur
Bedienung und Beobachtung, zum Melden und Protokollieren, ein Bussystem zur Informationsübertragung und Systemkomponenten zur Wartung
und Diagnose. Zum Anschluß konventioneller Regelungs- und Steuerungs-
systeme und zur Verbindung mit Prozeßrechnern sind die dazu erforderlichen Schnittstellen vorhanden.

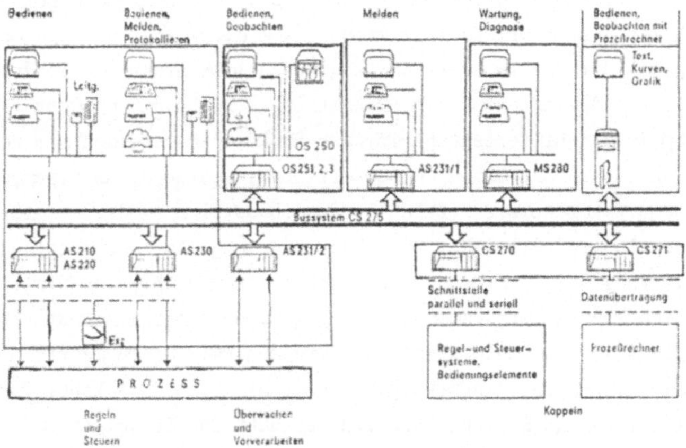

Bild 3: TELEPERM M, Systemübersicht

Beim Aufbau eines TELEPERM-M-Systems gibt es keine Programmierarbeit
mehr, sondern lediglich ein Auswählen und Strukturieren von Firmware-
Funktionsbausteinen. Die Systemkomponenten werden durch selbsttätig ab-
laufende Routinen ständig auf ihre Funktionstüchtigkeit geprüft. Fehler
werden erfaßt und gemeldet. Eine erforderliche Umschaltung auf "back
up" erfolgt selbsttätig. Die Verfügbarkeit der Systemkomponenten ein-
schließlich des Bussystems ist für verschiedene Verfügbarkeitsstufen
projektierbar.

Sämtliche Komponenten von TELEPERM M sind durch den Einsatz leistungs-
mäßig abgestufter Mikroprozessoren geprägt. Besonders wichtig und zu-
kunftsweisend ist, daß auch weiterhin zu erwartende Fortschritte in der

Mikroelektronik voll vom System aufgenommen werden können, ohne daß das Grundkonzept geändert werden muß. Leistungsfähigere Mikroprozessoren können deshalb ohne Komplikationen zur Innovation bzw. Leistungserhöhung in das System eingefügt werden.

Die Automatisierungssysteme von TELEPERM M haben multiplex arbeitende Zentraleinheiten mit Mikroprozessoren. Das unterste Gerät der drei Leistungsklassen verwendet einen Mikroprozessor mit festem Befehlssatz im Maschinencode. Die Prozessoren der anderen beiden Automatisierungssysteme arbeiten mit mikroprogrammierbaren Mikroprozessoren. Sie sind anwendungsbezogen mikroprogrammiert und arbeiten deshalb die Befehle einer höheren Systemsprache im Mikroprogramm direkt ab, was die Geschwindigkeit der Programmverarbeitung wesentlich erhöht. Alle drei Systeme bieten dem Anwender ein einheitliches Spektrum von über fünfzig in PROM-Speichern hinterlegten Firmware-Funktionsbausteinen zum Regeln, Steuern, Rechnen, Überwachen, Protokollieren, Bedienen, Anzeigen, Strukturieren und Dokumentieren (Bild 4). Regelbausteine sind z. B. für Festwertregelungen (PI, PID), Verhältnisregelung, Kaskadenregelung und Sollwertführung (SPC) vorhanden. Bei den leistungsfähigeren Systemen können durch Mehrfachprogrammausnutzung gleiche Programmstrukturen von mehreren Funktionsbausteinen mit variierenden Parametern mehrfach durchlaufen werden. Das leistungsfähigste Gerät mit besonders hoher Verarbeitungsleistung und Speicherkapazität erlaubt das Erstellen und Testen neuer Programmbausteine, die in RAM- oder EPROM-Speichern hinterlegt werden (Bild 4 - siehe nächste Seite).

Regelungs-, Steuerungs- und andere Aufgaben der Prozeßautomatisierung können beliebig miteinander vermischt werden, was für die prozeßnahe Anwendung besonders wichtig und vorteilhaft ist. Die drei Leistungsstufen können an der Zahl der bearbeitbaren Regelkreise gemessen werden, wobei angenommen wird, daß nur Regelungsaufgaben bei einer Abtastrate von 2 sec pro Regelkreis vorhanden sind. Das kleinste System kann dann maximal 15 Regelkreise, das mittlere maximal 120 und das größte maximal 200 Kreise bearbeiten.

Für die Sicherung der Automatisierungsfunktionen bei Ausfall der Zentraleinheit bzw. ihres Mikroprozessors oder seiner Stromversorgung sind bei TELEPERM M Baugruppen vorhanden, die weitere Mikroprozessoren mit eigener Stromversorgung enthalten. Sie bilden eine Redundanz zur Zentralein-

heit des Automatisierungssystems. Mit ihnen kann der Prozeß über Leitgeräte weitergefahren werden. Zusätzlich können auch noch die Leitgeräte Mikroprozessoren enthalten, mit denen die Baugruppen überwacht
werden können. Damit können auch höchste Ansprüche an Sicherheit und
Verfügbarkeit bei der Raffinerie-Instrumentierung erfüllt werden.

Bausteine für Verarbeitung und Beobachtung/Bedienung		Bausteine für Verarbeitung				Bausteine für Sichtgeräte und Drucker	
		Analog/Digital		Binär			
Meßgrößenüberwachung	(M)	Analogeingabe	(AE)	Binäreingabe	(BE)	Numer. Ausgabe	(NAS)
Reglerbaustein	(R)	Analoge Kopplung	(AK)	Binäre Kopplung	(BK)	Zeichenausgabe	(ZAS)
Verhältnisbaustein	(V)	Analogausgabe	(AA)	Binärausgabe	(BA)	Meldungsausg.	(MEL)
Bedienbaustein	(B)			Binärauswahl	(BW)		
Ausgabe Binärwert	(A)						
Untergruppensteuerung	(K)	Summierer	(SUM)	UND	(VU)		
Einzelsteuerung	(E)	Integrierer	(INT)	ODER	(VO)		
Steuerkopf	(S)	Differenzierer	(DIF)	Negation	(VN)		
Umschaltung	(C)	Multiplizierer	(MUL)	Merker	(VM)		
Trendbaustein	(T)	Dividierer	(DIV)	Zeitzähler	(VZ)		
Fensterbaustein	(F)	Radizierer	(RAD)	STEP M	(VS)		
		Logarithmierer	(LN)				
		Exponentialfunktion	(EXP)	Kettenanfang	(KA)		
		Minimalwertauswahl	(MIN)	Kettenende	(KE)		
		Maximalwertauswahl	(MAX)	Kettenschritt	(KS)		
		Verzögerungsglied	(PT)	Kettenbaustein	(KB)		
		Absolutwertbildung	(ABS)	Kettenverzweig.	(KV)		
		Analogwert-Schalter	(ASL)				
		Totband	(TOB)	Hilfsölautomatik	(HA)		
		Totzeitglied	(TOZ)	Umschaltung Aggr.	(UA)		
		Polygonbaustein	(PLG)	Untersp. Schutz	(US)		
		Grenzwertmelder	(GW)				

Bild 4: TELEPERM M, Funktionsbausteine (Standard)

Mit einem "Multiplexer für Feldmontage" kann eine serielle Informationsübertragung bis zu 4 km weit in die Anlage hinein verlegt werden,
auch in explosionsgefährdeten Bereichen. Diese Möglichkeit ist für
Raffinerien besonders interessant. Es kann nämlich damit die auch in
Raffinerien enorm angestiegene Verkabelungsdichte wesentlich reduziert
und übersichtlich gestaltet werden. Der Feldmultiplexer wird über ein
vieradriges Kabel mit dem Automatisierungssystem in der Zentralwarte
verbunden. Er verarbeitet sowohl elektrische wie pneumatische Signale.
Letztere sind nach wie vor besonders wichtig für die Raffinerieinstru-
mentierung, wo zumindest der pneumatische Stellantrieb nicht zu ver-
drängen sein wird.

Einen hohen Stellenwert für die Automatisierung in Raffinierie-Verfah-
rensprozessen hat die Beobachtungs- und Bedientechnik insbesondere für
die zentralen Prozeßleitwarten. Hier ist die Innovation besonders deutlich in Hinblick auf eine sichere und den spezifischen Eigenschaften

des Menschen besser angepaßte Prozeßführung. Die Mikroelektronik, insbesondere der Mikroprozessor in Verbindung mit informationsverarbeitenden und informationsgebenden Geräten sowie den Einrichtungen für die Informationsübertragung, spielt hier eine tragende Rolle.

Auf der Basis anthropotechnischer Untersuchungen wurden für das System TELEPERM M komfortable Bedien- und Beobachtungssysteme geschaffen, die dem Operator einen Bildschirmdialog zur Prozeßführung ermöglichen. Vier Leistungsklassen mit Schwarz/Weiß- und Farbsichtgerät stehen zur Verfügung (Bild 5).

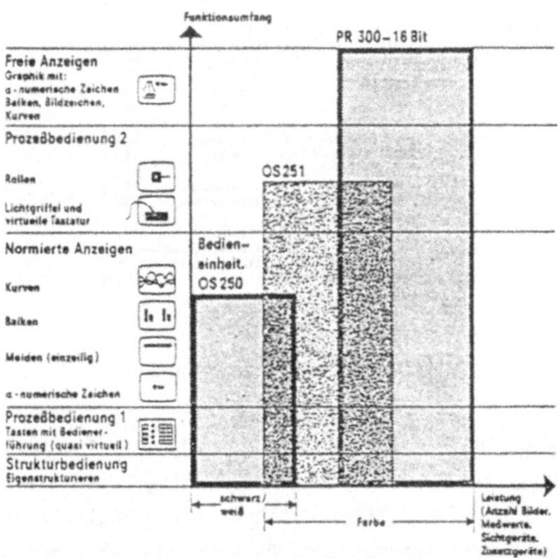

Bild 5: TELEPERM M, Leistungsbereiche für Bedienung und Beobachtung

Als Bedienmittel für die Sichtgeräte stehen zur Verfügung:

- die Prozeßbedientastatur für die Bedienungsführung mit Funktionstasten. Über den Tasten befinden sich Leuchtdioden zur Kennzeichnung der Tastenfunktion;

- eine virtuelle Tastatur auf dem Bildschirm zur Bedienung mit einem Lichtgriffel;

- ein Steuerknüppel zum Bildrollen.

Die Präsentation des Prozeßgeschehens erfolgt in einer Darstellungs-
hierarchie mit 3 Ebenen:

- das Übersichtsbild für die Überwachung der gesamten Anlage, die in
  Gruppen unterteilt ist;

- das Gruppenbild mit maximal 8 Kreisen. Ein "Kreis" bezeichnet hier
  nicht nur den Regelkreis, sondern auch Meßstellen oder Steuerungen;

- das Kreisbild. Es bringt alle Einzelinformationen über einen Regelkreis, eine Meßstelle oder eine Steuerung. Der Operator kann in
  einem solchen Kreis eingreifen, z. B. zum Verändern von Sollwerten
  oder Parametern.

Beim Bildrollen existiert von der gesamten Anlage eine detaillierte
grafische Darstellung, die wegen ihrer Größe nicht auf einem Bild des
Sichtgerätes zur Anzeige kommen kann. Durch das Bildrollen wird mittels
eines Steuerknüppels der jeweils sichtbare Bildausschnitt bewegt und
kann die gesamte Anlagendarstellung überstreichen.

Jedes Beobachtungssystem hat einen eigenen Prozessor und ist anschließ-
bar an den Datenbus zur Informationsübertragung. An den Bus können für
die Redundanz weitere Beobachtungssysteme angeschlossen werden. Möchte
man sich diesen Redundanzaufwand nicht leisten, so kann auch auf die
Bedieneinheiten und Leitgeräte der Automatisierungssysteme zurückgegriffen werden, falls diese entsprechend bestückt sind.

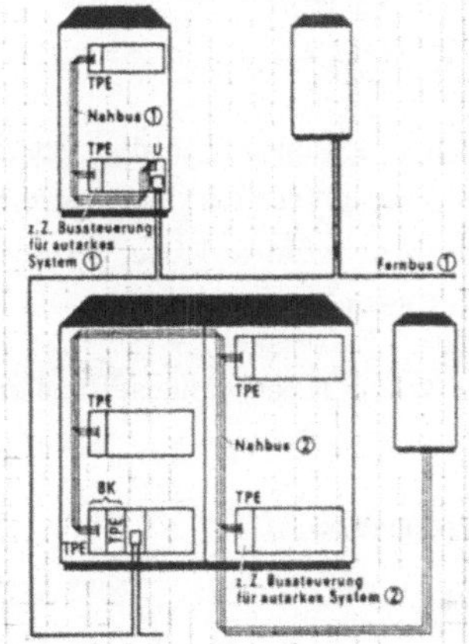

	Nahbus	Fernbus (elektrisch)	Fernbus (optisch)
Übertragungs- verfahren	seriell	seriell	seriell
Datenrate kbit/s	250 (500 autark)	250	
Alarmzeit ms	1,2	12	
Max. Länge m	100	4000	
Anzahl Teilnehmer	16	32	32
Kabeltyp	Mehrdraht- leitung	Koaxial- kabel	Lichtwellen- leiter
Steuerung	1× je autarker Bus, durch Mastertransfer dezentral in jeder TPE	1× je autarker Bus, durch Mastertransfer dezentral in jeder TPE	1× je autarker Bus, durch Mastertransfer dezentral in jeder TPE
Datensicherg./ Fehlererkenn.	Byte-Parity	cyclic redundancy check	

TPE = Transfer-Prozessor-Einheit (Nahbus-Anschaltung)
Selbständige Abwicklung des Datenverkehrs
U = Umsetzer;
Signalumsetzung zwischen Fern- und Nahbus
BK = Buskoppler;
Verbindung zweier autarker Busse

Bild 6: TELEPERM M, Bussystem CS 275 (Übersicht)

Das Bussystem (Bild 6) zur Informationsübertragung hat eine sogenannte
Linienstruktur, d. h. es wird von den seitlich angeschlossenen Geräten
nicht unterbrochen. Die Steuerung des Busses erfolgt durch einen sogenannten "Mastertransfer" dezentral. Durch diesen Mastertransfer kann
jede mit einem Mikroprozessor ausgerüstete Busanschaltung die Bussteue-
rung übernehmen, wenn vorgegebene Kriterien dafür erfüllt sind. Auf
diese Weise ist ein besonders sicherer und störungsunanfälliger Busbe-
trieb möglich. Eine weitere Erhöhung der Sicherheit ist dadurch gegeben, daß die Ankopplung der Teilnehmer am Bus durch optische oder in-
duktive Koppelglieder stets galvanisch getrennt erfolgt. Außerdem kann
der Bus zusätzlich noch redundant ausgelegt werden, wobei im Störungs-
falle die Umschaltung auf den ungestörten Bus selbsttätig erfolgt.

Die mikroprozessorgesteuerte Signalübertragungstechnik hat auch die
Technik der Informationsübertragung in Fernwirksystemen wesentlich verändert. Die Fernwirktechnik unterliegt als wichtiges Mittel zur Betriebsführung von Öl- und Gasnetzen ständig steigenden Anforderungen
nach höherwertigen Verarbeitungsfunktionen und größeren Datenmengen.
Deshalb wird eine weitgehende Integration von Fernwirkgeräten mit Rech-
nersystemen angestrebt. Durch die konsequente Verwendung von Mikroprozessoren sind zuverlässige und wirtschaftliche Lösungen der anstehenden
Probleme möglich geworden. Im Fernwirksystem (Bild 7) gliedert sich
der Funktionsumfang in

- Funktionen, die Daten erfassen, verarbeiten und ausgeben;

- Funktionen, die den Datenfluß auf den Übertragungswegen steuern.

Zur ersten Gruppe gehören die Prozeßdatenerfassung in der Unterstation
und die Leitdatenverarbeitung in der Zentralstation. Zur zweiten Gruppe
gehören die Fernwirkfunktionen der Unterstation und die Fernwirkfunktionen der Zentralstation (Bild 7 - siehe nächste Seite).

Der Mikroprozessor kann in folgenden 3 Bereichen eingesetzt werden
(Bild 8):

- in der Zentraleinheit eines Kleinrechners;

- als Bauelement auf einer Baugruppe;

- als Steuerwerk eines Fernwirkgerätes.

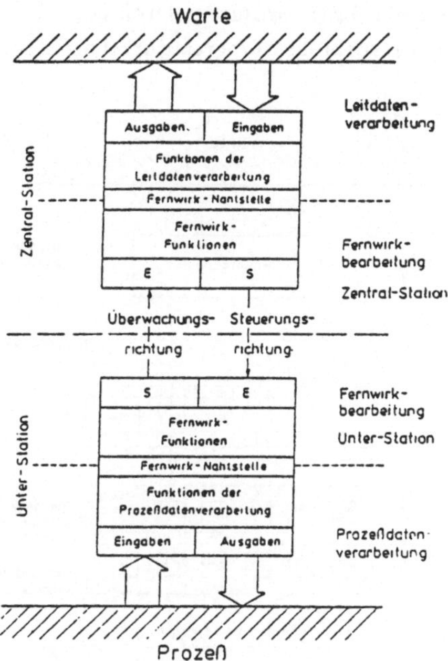

Bild 7: Funktionelle Struktur der Fernwirkanlage

Die Vorteile des Einsatzes von Mikroprozessoren bzw. Mikrorechnern
beim Einsatz in Fernwirksysteme sind:

- wesentliche Erweiterung des Funktionsumfanges, z. B. Schwellwertbil-
  dung bei Meßwerten, Echtzeitmeldungen, Satzfolgekennung bei Spontan-
  betrieb;

- Reduzierung der Baugruppenvielfalt und der Baugruppen-Hardware;

- Steigerung der Flexiblität. Neue Funktionen können durch neue Programmbausteine für bereits vorhandene Baugruppen realisiert werden;

- flexible Erweiterbarkeit vorhandener Fernwirkstationen durch den Einsatz von Subsystemen mit leichter Anpaßbarkeit an erweiterte Aufgaben;

- Ausführung kleiner bis sehr großer Stationen mit denselben Systemkomponenten;

- einfache, anwendernahe Programmierung durch den Einsatz von Standard-
programmpaketen ohne spezielle Programmierkenntnisse.

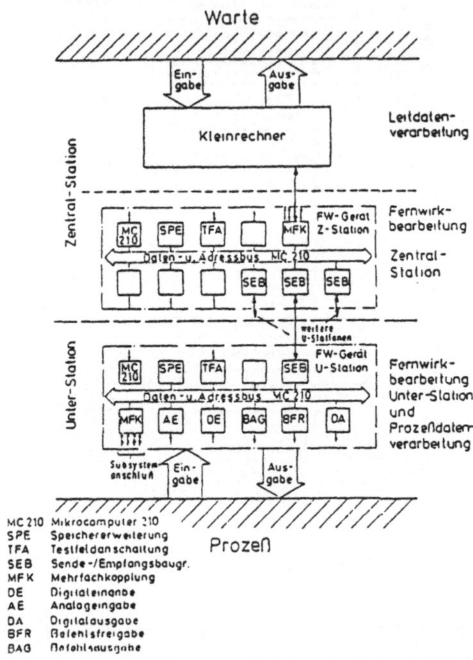

Bild 8: Beispiel für eine gerätetechnische Realisierung der Fernwirkanlage

Im Fernwirksystem SINAUT 8-FW von Siemens (Bild 8) wurden von diesen
Möglichkeiten des Einsatzes von Mikroprozessoren weitestgehend Gebrauch
gemacht (5). In Verbindung mit der höheren Programmiersprache PL/M und
der Methode der strukturierten Programmierung wurde außerdem die Transparenz der programmtechnischen Realisierung, die Prüfbarkeit und damit
die Fehlerfreiheit der Programme wesentlich erhöht. Für SINAUT 8-FW
sind insgesamt Programme mit 25 KByte erstellt worden. Kleine Stationen
benötigen ca. 12-KByte-PROM/5-KByte-RAM, Stationen mit vollem Ausbau
ca. 20-KByte-PROM/9-KByte-RAM.

6 Schlußbemerkung

Es kann festgestellt werden, daß der Einsatz der Mikroelektronik, vor
allem der Mikroprozessoren, Mikrocomputer und Speicherbausteine wesentliche, noch vor kurzem kaum vorstellbare Fortschritte bei der Prozeßleittechnik von Raffinerien und Pipelines ermöglicht hat. Besonders
hervorzuheben ist, daß dadurch die Systeme und Geräte neben den erwähnten Funktionserweiterungen ganz wesentlich an Transparenz und damit
leichterer Handhabbarkeit und Sicherheit gewonnen haben.

LITERATURVERZEICHNIS

(1) ANKEL, Th. Moderne Wege der Regelungstechnik in der Verfahrenstech-
     nik. 5. Interkama, Düsseldorf, 1971. R. Oldenbourg Verlag, München

(2) ANKEL, Th., PAVLIK, E. Regelungstechnik am Wendepunkt. In: Rege-
     lungstechnik 27 (1979), Seiten 3 - 11

(3) PAVLIK, E. Aspekte des praktischen Einsatzes von "Beobachtern" für
     die Prozeßautomatisierung. In: Regelungstechnische Praxis 21 (1979),
     Seiten 37 - 43

(4) PAVLIK, E. Automatisierungstechnik im Wandel durch Mikroprozessoren.
     Rückblick auf den Interkama-Kongress 1977. In: Regelungstechnik 26
     (1978), Seiten 5 - 7

(5) KOSSMANN, D., MÜLLER, R. SINAUT 8-FW. Ein rechnergeführtes Fernwirk-
     system. In: Siemens Zeitschrift 52 (1978), Heft 11

EINSATZ VON MIKROPROZESSOREN BEI DER AUTOMATISIERUNG VON FERTIGUNGS-
PROZESSEN[x)]

Dipl.-Ing. Eginhard Jungmann
Siemens-AG München

1 Einleitung

Mikrocomputer in Fertigungsprozessen

- lösen festverdrahtete Steuerungen ab,

- bringen Prozeßrechnerleistung vor Ort,

- bieten dort Automatisierungsmöglichkeiten, wo bisher der Aufwand
  zu groß war.

Im vorliegenden Beitrag wird, ausgehend von der Struktur der rechner-
geführten Fertigung, der Einsatzbereich von Mikroprozessoren aufgezeigt, einige Einsatzfälle charakterisiert und über gewonnene Erfahrungen berichtet.

2 Automatisierungsaufgaben in der Fertigung

Die moderne Fertigungstechnik ist gekennzeichnet durch das Zusammen-
wirken von Verfahren zur Bearbeitung, Montage und Prüfung von Produkten
mit Verfahren zur Erfassung, Verarbeitung und Übertragung von Informationen (Bild 1 - siehe nächste Seite).

Die Informationen, die die geplanten fertigungstechnischen Abläufe
steuern und überwachen, können aufgeteilt werden

- in organisatorische Informationen, wie z. B. Vorgabe von Produkttypen,
  Vorgabe der zu fertigenden Stückzahl, Vorgabe von Fertigungszeiten
  etc. und entsprechende Rückmeldungen

- und in technologische Informationen, wie z. B. NC-Bearbeitungs- und
  Prüfprogramme, Vorgabe von Bearbeitungsreihenfolgen etc. und entsprechende Rückmeldungen von Fertigungseinrichtungen.

[x)]Dieser vorbereitete Bericht konnte wegen plötzlicher Unabkömmlichkeit des
Verfassers nicht vorgetragen werden; zur Vollständigkeit der Behandlung
des Arbeitsthemas wird er hier gebracht.

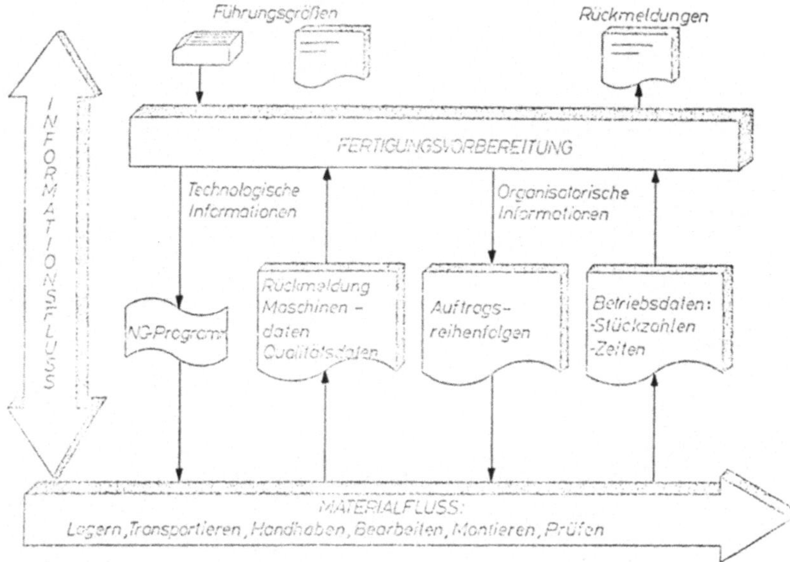

Bild 1: Informations- und Materialfluß in der Fertigung

Bei der Konzeption eines Steuerungssystems für Fertigungsprozesse sind daher folgende Zielsetzungen zu verwirklichen:

- Versorgung von Fertigungseinrichtungen im Normal- und Störungsfall mit Steuerungsgrößen, die aus den vorliegenden organisatorischen und technologischen Führungsgrößen sowie den Rückmeldungen abgeleitet werden;

- Bereitstellung von flexiblen Automatisierungsmitteln nach günstigsten technisch-wirtschaftlichen Gesichtspunkten;

- Schaffung einer Struktur mit einheitlichen Nahtstellen im Sinne eines Open-ended-Design.

Unter Berücksichtigung dieser Zielsetzung ist es zweckmäßig, das Steuerungssystem hierarchisch und weitestgehend dezentral aufzubauen (Bild 2 - siehe nächste Seite).

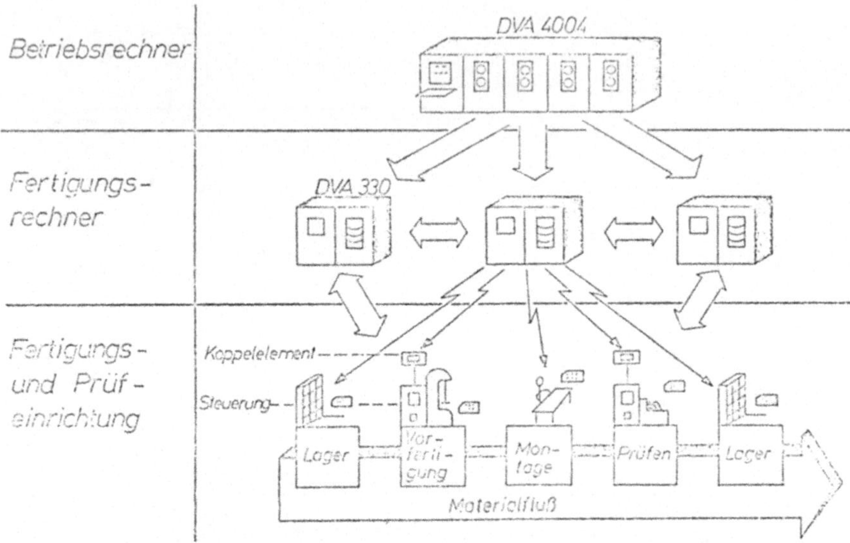

Bild 2: Rechnergestützte Fertigung

Für den Mikrorechner ergeben sich in einem derart strukturierten fertigungstechnischen Steuerungssystem folgende Einsatzbereiche:

- in Prozeß- und Maschinensteuerungen als freiprogrammierbarer informa-
  tionsverarbeitender Teil;

- in Koppelelementen zwischen dezentralen Prozeß- bzw. Maschinensteuerungen und übergeordnetem Fertigungsrechner;

- in dezentralen Betriebsdaten- und Maschinendaten-Erfassungs-Terminals.

Am Beispiel der bei Siemens eingesetzten NC-Maschinen wird die Rechner-
durchdringung in den letzten Jahren aufgezeigt. In dieser Statistik
sind neben NC-Werkzeugmaschinen auch Prüfautomaten und viele Sondermaß-
schinen der Verdrahtungs- und Zeichentechnik enthalten. Diese programm-
gesteuerten Maschinen waren in ihrem Funktionsprofil diejenigen, die
für den Einsatz von Prozeßrechnern den günstigsten Ansatzpunkt liefer-
ten, insbesondere wenn es um die Verarbeitung großer Datenmengen geht,
wie das bei Zeichenmaschinen, Prüfautomaten und Bildschirmgeräten der

Fall ist. Im Mittel ist heute etwa jede dritte programmgesteuerte Maschine mit einem Prozeßrechner bzw. Mikrocomputer bestückt. Es gibt hier naturgemäß große Streuungen, zum Beispiel enthalten Prüfautomaten bis zu mehr als 50 % Rechner als Steuergeräte.

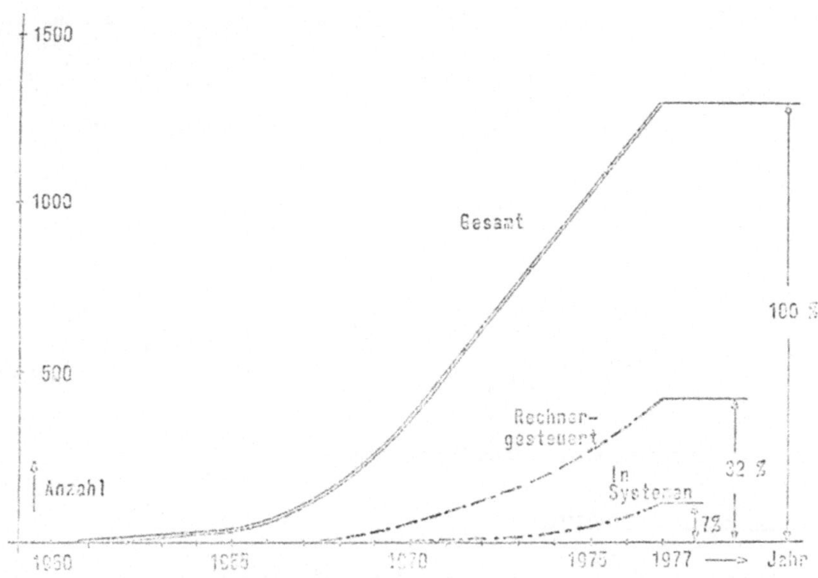

Bild 3: MC-Fertigungs- und Prüfeinrichtungen

3 Mikroprozessor-Steuerungen

Eine Analyse der Anforderungen an einen Mikroprozessor für Steuerungszwecke hinsichtlich der funktionellen (Befehlsumfang) und technischen (Modularität, verfügbare Hardwarebausteine) Möglichkeiten zeigte, daß von marktgängigen Mikroprozessoren der SAB 8080 die gestellten Bedingungen am besten erfüllt. Die weiteren Erläuterungen beziehen sich deshalb auf diesen Mikroprozessor.

Der Mikrocomputer, der als freiprogrammierbarer Automatisierungsbaustein verwendet werden kann, besteht aus folgenden Komponenten:

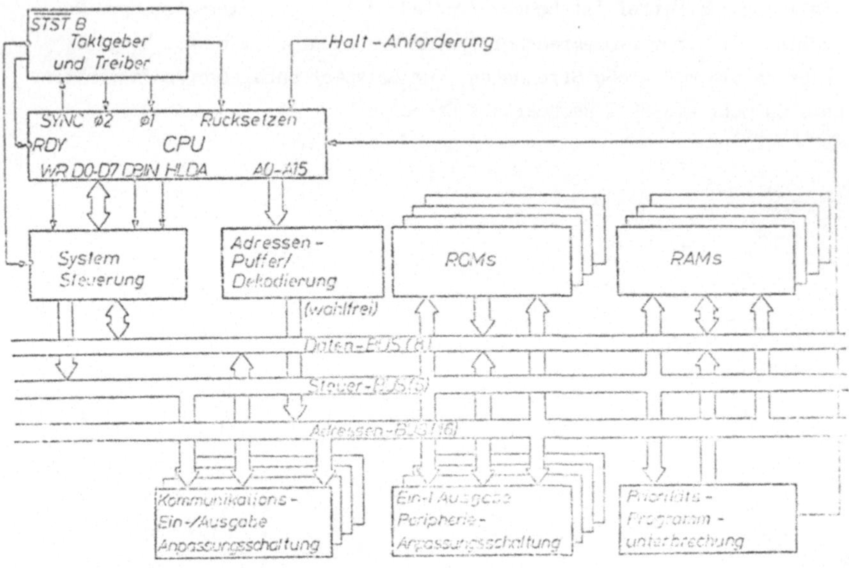

Bild 4: Blockschaltbild eines Mikrorechners

- Zentraleinheit (CPU);

- Programmspeicher (Festwertspeicher ROM, REPROM);

- Datenspeicher (Schreib-Lese-Speicher);

- Ein-/Ausgabebausteine;

Der von Siemens angebotene Mikrocomputer MC 210 zeichnet sich durch folgende Merkmale aus:

- kompletter Rechner auf einer Flachbaugruppe;

- industriegerechte Streckverbindungen nach DIN 41612;

- basiert auf der weltweit eingeführten Bauelementefamilie mit dem Mikroprozessor 8080;

- 1 KByte Schreib-Lese-Speicher (CMOS-RAM);

- Sockel für 4 KBytes löschbare und wiederprogrammierbare Festwertspeicher (EPROM);

- serielle Geräte- und Kopplungsschnittstelle (TTY bzw. V24);

- 15 Interrupts, Zeitgeber - beide parametrierbar;

- Systemschnittstelle zur Erweiterung des Speichers und zum Anschluß
  peripherer Einheiten (z. B. Signalformer).

Zusätzlich zur CPU-Platine werden Signalformer und Speichererweiterungs-
platinen angeboten, die je nach Anwendungsfall zusammengesteckt werden
können.

Signalformer werden angeboten als

- Digitaleingabe,

- Digitalausgabe,

- Analogeingabe,

- Analogausgabe.

Das Spektrum wird laufend ergänzt.

Die Speicher-Moduln sind modular gestaffelt und werden momentan mit
maximal 8 KBytes angeboten.

Beim Einsatz von Mikrorechnern als freiprogrammierbare Automatisierungs-
bausteine kommt der Verfügbarkeit von Hilfsmitteln für die Programmerstellung entscheidende Bedeutung zu. Dies sind in erster Linie:

- Software-Entwicklungs-Hilfsmittel

  Assembler   - zur Umwandlung des mnemotechnischen Befehlscodes und
                  der symbolischen Adressen in ablauffähige Programme im
                  Maschinencode;

  Simulatoren   - Programme zur Nachbildung des Mikrorechners, um einen
                  logischen Test von Anwenderprogrammen durchführen zu
                  können.

Für die Programmentwicklung (Assemblie-
ren und Simulation) wird die in Bild 5
gezeigte Geräte-Konfiguration verwendet.

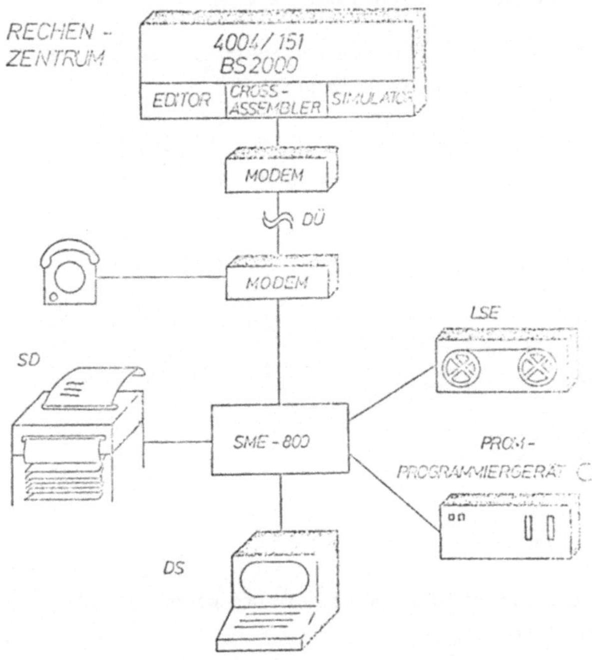

Bild 5: Entwicklungssytem für Software von Mikrorechnern (SME)

- Hardware-Test- und Inbetriebnahme-Hilfsmittel

Als Hardware-Testmittel hat sich besonders das sogenannte SME
(Siemens Mikrocomputer Entwicklungssystem), d. h. ein kompletter
Mikrorechner 8080 mit 16-KByte-RAM und einem sogenannten Emulations-
und Testadapter (ETA) bewährt.

Mit Hilfe des ETA ist es möglich, die aufgabenspezifische Steuerungs-
hardware an den SME-Mikrorechner anzuschließen und über die vorhandene interaktive Software unter Echtzeitbedingungen zu testen.

4 Einsatzbeispiele

4.1 Steuerungen für Fertigungs- und Prüfeinrichtungen

Mit Hilfe des vorgestellten Mikrorechners wurde für Sonderfertigungs-
mittel ein integriertes Positionier- und Ablaufsteuerungssystem entwickelt. Der Mikrorechner ist auf einer Flachbaugruppe im Doppeleuropa-
Format (230 . 160 mm^2) untergebracht und enthält neben dem Mikroprozessor SAB 8080 zusätzlich 2-KByte-PROM und 1/4-KByte-RAM sowie einige
Ein-/Ausgabe-Kanäle.

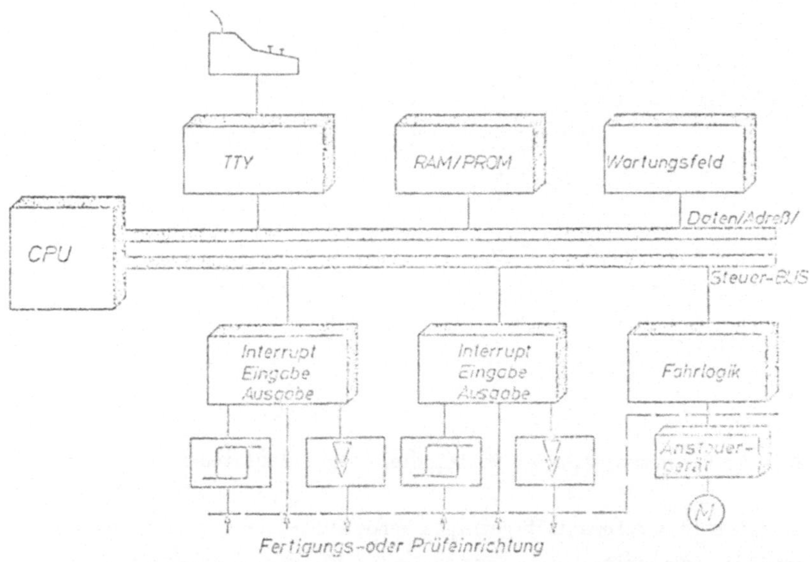

Bild 6: Positionier- und Ablaufsteuerung

Das Programmsystem ist in programmierbaren Festwertspeichern (REPROMs
untergebracht. Die variablen Angaben zur Positionierung werden im
Schreib-Lesespeicher abgelegt. Das Programmsystem ist in Bild 7 dargestellt. Es setzt sich aus einzelnen Bausteinen (Unterprogrammen) zusammen und kann an die unterschiedlichen Aufgaben angepaßt werden.

Mit Hilfe der vorgestellten Positionier- und Ablaufsteuerung wurden folgende Pilotanwendungen realisiert:

- Wendelwickelautomat;

- Montage-Abgleichautomat.

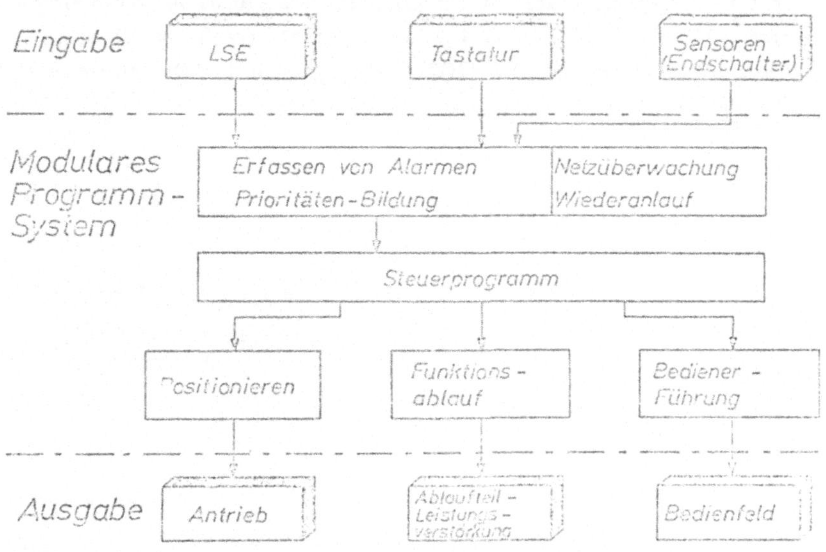

Bild 7: Programmsystem der Positionier- und Ablaufsteuerung

Der in Bild 8 schematisch gezeigte Wendelwickelautomat dient zur Herstellung von Nichteisenmetallwendeln für Röhrenanwendungen.

Die Positionierdaten werden dabei wahlweise über Lochstreifen oder über eine Tastatur an der Bedientafel eingegeben, wobei die Tastatur ebenfalls für die Korrektur der Programme verwendet werden kann.

Weitere Aufgaben, die der Steuerungs-Mikrorechner durchführt:

- Steuerung des Z-Motors;

- Steuerung des C-Motors in Abhängigkeit von der Bewegung des Z-Motors, um vorgegebene Steigungen der Wendeln zu erzeugen;

- Steuerung der Bandzugkraft;

- Steuerung der Drahtvorwärmung;

- Abfrage von Endlagen- bzw. Sicherheitsschaltern;

- Ausgabe von Signalen für die Bedienungsführung.

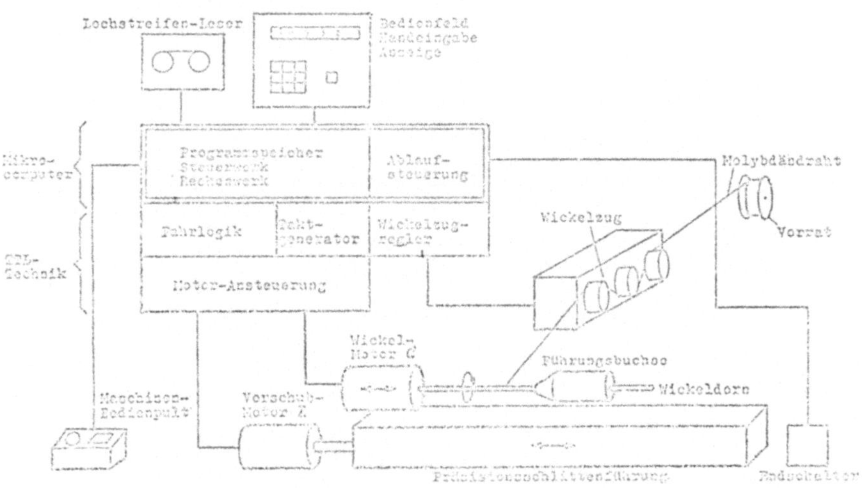

Bild 8: Wendelwickelanlage - Prinzip

Der Montage-Abgleichautomat in Bild 9 (nächste Seite) als Prinzip-
skizze dargestellt, dient dem Abgleich von Hohlraumresonatoren, die 69-
fach in einem Gehäuse untergebracht sind. Den einzelnen Resonatoren
ist eine Frequenz im Gigahertz-Bereich zugeordnet, die dadurch erreicht wird, daß ein Abstimmstift in den Hohlraum eingedrückt wird.

Die Steuerung übernimmt folgende Aufgaben:

- Auswahl des Positionierprogramms je nach Gehäuse-Typ;

- Positionierung des Einzelresonators nach der zugeordneten Frequenz;

- Steuerung des Druckwerkzeugs im Grob- und Feinabstimmbereich;

- Erfassung und Verarbeitung von Steuersignalen von Mikrowellen-Sender
  und -Empfänger;

- Abfrage von Endlagen bzw. Sicherheitsschaltern;

- Ausgabe von Signalen für die Bedienungsführung.

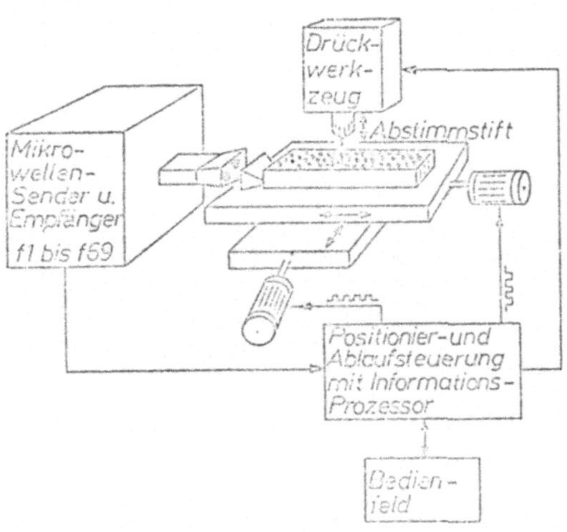

Bild 9: Montage-Abgleichautomat   (Prinzip)

Steuerungen von Fertigungseinrichtungen, wie sie früher dargestellt wurden, müssen auf die Aufgabe speziell zugeschnitten werden. Um diese
Forderung zu erfüllen, haben die Hersteller schon frühzeitig Funktionsbausteine angeboten, aus denen die spezielle sogenannte "festverdrahtete" Steuerung konzipiert werden konnte. Der weitere Fortschritt der
Technologie, insbesondere der höhere Integrationsgrad der Halbleiter-
Bauelemente, ließ einen neuen Steuerungstyp, die sogenannte speicherprogrammierbare Steuerung, aufkommen.

Für die speicherprogrammierbare Steuerung ist kennzeichnend, daß die
Steuerungsaufgabe mit einfachen Befehlen in den Programmspeicher ein-
geschrieben und bei Bedarf geändert werden kann. Als Beispiel dieser

Steuerungen ist die Siemens-Steuerung SIMATIC S3 zu nennen. Diese
Steuergeräte arbeiten mit einem Steuerwerk für Einzelsignalverarbeitung
(Bitprozessor) und sind deshalb besonders geeignet, binäre Funktionen
zu realisieren. Für den daraus resultierenden Einsatzschwerpunkt - Verknüpfung und Ablaufsteuerungen - wird sie die beherrschende Steuerungs-
art sein.

Bei den speicherprogrammierbaren Steuerungen werden im Steuerwerk dort,
wo es wirtschaftlich ist, Mikroprozessoren zum Einsatz kommen, ohne daß
dies in der oben erwähnten einfachen Programmiersprache zum Ausdruck
kommt.

4.2 Fertigungsleitrechner in integrierten Fertigungssystemen

Zur Verteilung der für die Steuerung von NC-Fertigungs- und Prüfeinrichtungen erforderlichen Daten wurden seit Anfang der 70er Jahre DNC-
Systeme (direct numerical controlled) eingesetzt. Die Basistruktur eines
derartigen DNC-Systems ist in Bild 10 dargestellt.

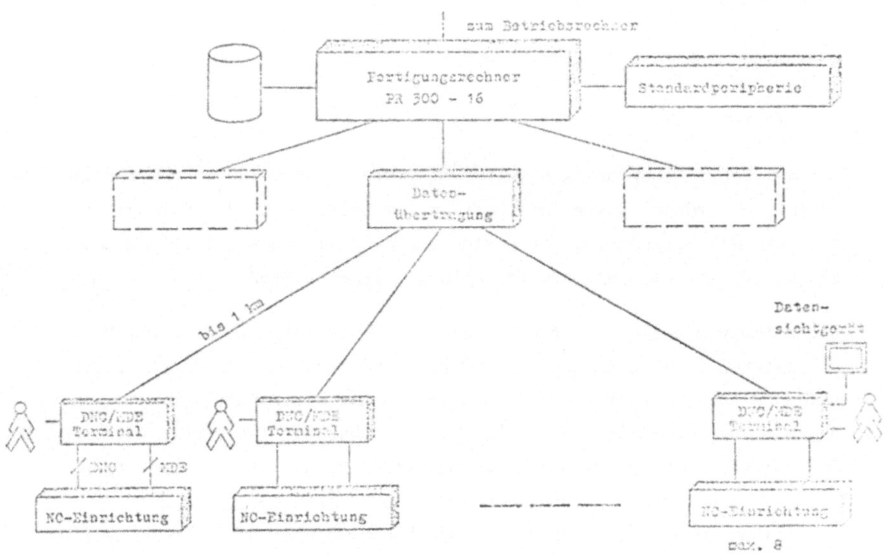

Bild 10: DNC/MDE-System 300, Koppelelemente auf Basis SAB 8080

Es besteht aus folgenden wesentlichen Bausteinen:

- dem Fertigungsleitrechner mit der entsprechenden Standard-Prozeßperi-
  pherie und dem DNC-Anwenderprogramm und

- den dezentral an den Fertigungs- und Prüfeinrichtungen angeordneten
  DNC-Terminals als Koppel- und Bedienelemente.

Derartig strukturierte DNC-Systeme haben sich zwar voll bewährt, aber
nur in den Fällen durchgesetzt, wo große Datenmengen zeitgerecht zu
verarbeiten sind. Solche Fälle treten bei der Steuerung von Sonderfer-
tigungs- und Prüfeinrichtungen in der Elektroindustrie auf.

Auswahlkriterien für Mikroprozessoren:

- Mikroprozessorbausteine;

- Befehlsausführungszeit;

- Mächtigkeit der Befehle;

- System-Software.

5 Erfahrungen und Schlußfolgerungen

5.1 Kosten

Bei der Betrachtung der Kosten für Mikroprozessoren ist es erforderlich,
neben den Hardware-Kosten die Kostengesamtheit, d. h. die Hardware-Kosten des Mikrocomputers, die Kosten für die Leistungseinrichtung und
die Kosten für die Software-Erstellung mitzuerfassen.

Die relativ niedrigen Kosten für die LSI-Bausteine, die in einer Mikro-
prozessoren-Familie angeboten werden, "verführen" den Anwender, eigene
Hardware zu konzipieren. Dies kann jedoch nur wirtschaftlich sein, wo
das gleiche Gerät mit einer hohen Wiederholbarkeit eingesetzt wird.
Der Software-Aufwand wird häufig unterschätzt, da insbesondere Organi-
sations- bzw. Koordinierungsprogramme nicht vorhanden und anwender-
spezifisch zu implementieren sind. Auch hier ergibt sich die Notwendig-
keit einer hohen Wiederholbarkeit, um die Kosten der Software über eine
große Anzahl von Anwendungen abzudecken. Der Mikrocomputer ersetzt in
Steuerungen nur den logischen Teil, die Leistungsanpassung an Ferti-

gungseinrichtungen bleibt von den Einsparungen, die der hohe Integrationswert der Bauelemente liefert, unberührt.

5.2 Probleme beim Einsatz

Der Anwender sollte wissen, daß mit dem Mikroprozessor allein keine Aufgaben gelöst werden können.

Es müssen daher folgende Kriterien beachtet werden:

- die Verfügbarkeit der Hardware-Komponenten: der Mikroprozessor muß in
  ein System aus Speichern und Peripherie-Einheiten eingepaßt werden;

- die Befehlsausführungszeit: bei der Bearbeitung schneller Vorgänge
  vermindert schnelle Befehlsausführungszeit den Aufwand für die notwendige "Randelektronik";

- die Mächtigkeit der Befehle: aufgrund des verfügbaren Befehlsvorrates
  kann bei der Lösung komplexer Aufgaben der Aufwand an Speichereinheiten überproportional steigen;

- System-Software: der Anwender muß sein eigenes aufgabenspezifisches
  Echtzeit-Koordinierungs-Programm (incl. Wiederanlauf-Routinen) entwickeln. Betriebssysteme sind nicht vorhanden und - wegen des Aufwandes - wohl auch nicht zweckmäßig.

Zusammenfassend kann jedoch festgestellt werden, daß der Einsatz von
Mikroprozessoren eine Reihe von Vorteilen bietet:

- für den informationsverarbeitenden Teil von verschiedenen Steuerungsaufgaben kann identische Hardware eingesetzt werden;

- Anwenderwünsche können "leicht" durch Programmierung der Festwertspeicher berücksichtigt werden;

- kürzere Entwicklungs- und Einführungszeiten können erzielt werden;

- Aufbau von Informationsnetzen mit "verteilter Intelligenz" wird möglich.

Es ist zu erwarten, daß der Mikroprozessor zukünftig in steigendem Maße
bei der Automatisierung von Fertigungsprozessen eingesetzt wird.